— 物理科普简说译丛 —

Radioactivity:
A Very Short Introduction

简说放射性

〔澳〕克劳迪奥·图尼兹（Claudio Tuniz） 著

刘翔 董娜 李佳燕 庞成群 译

兰州大学出版社
LANZHOU UNIVERSITY PRESS

图书在版编目（CIP）数据

简说放射性 / （澳）克劳迪奥·图尼兹
(Claudio Tuniz) 著 ；刘翔等译. -- 兰州 ：兰州大学
出版社，2024. 7. --（物理科普简说译丛 / 刘翔主编）.
ISBN 978-7-311-06685-7

Ⅰ．TL7-49

中国国家版本馆 CIP 数据核字第 20249JM652 号

责任编辑　冯宜梅
封面设计　汪如祥

书　　名　简说放射性
作　　者　〔澳〕克劳迪奥·图尼兹（Claudio Tuniz）　著
　　　　　刘　翔　董　娜　李佳燕　庞成群　译
出版发行　兰州大学出版社　（地址:兰州市天水南路222号　730000）
电　　话　0931-8912613(总编办公室)　0931-8617156(营销中心)
网　　址　http://press.lzu.edu.cn
电子信箱　press@lzu.edu.cn
印　　刷　陕西龙山海天艺术印务有限公司
开　　本　880 mm×1230 mm　1/32
印　　张　5.875(插页4)
字　　数　122千
版　　次　2024年7月第1版
印　　次　2024年7月第1次印刷
书　　号　ISBN 978-7-311-06685-7
定　　价　54.00元

（图书若有破损、缺页、掉页,可随时与本社联系）

总　序

在科技浪潮汹涌澎湃的今日，科普工作的重要性愈发凸显。它不仅是连接深邃科学世界与普罗大众之间的无形之桥，更是培育科技创新人才、提升全民科学素养的必由之路。习近平总书记在给"科学与中国"院士专家代表的回信中明确指出："科学普及是实现创新发展的重要基础性工作。"这一重要论述，不仅深刻揭示了科普工作在创新发展中的基础性、先导性作用，更为我们指明了在新时代背景下加强国家科普能力建设、实现高水平科技自立自强、推进世界科技强国建设的方向。

兰州大学出版社精心策划并推出"物理科普简说译丛"，正是基于这样的深刻认识，也是对习近平总书记这一重要论述的积极响应和生动实践。

这套译丛选自牛津大学出版社的"牛津通识读本"系列，我们翻译了其中五本物理学领域的经典之作——《简说放射性》《简说核武器》《简说磁学》《简说热力学定律》和《尼尔斯·玻尔传》。这是一套深入浅出的物理科普著作，它将物理学的基本概念、原理和前沿进展呈现给读者。我们希望读者不仅能够获得知识，更能够感受到科学探索的乐趣，了解物理学在现代社会中的重要作用，了解物理学不只是冰冷的公式和理论，它还与我们的日常生活息息相关，影响着我们观察世界的方式。

翻译这样一套丛书，既是一种挑战，也是一次难得的学习经历。在翻译过程中，我和我的同仁们——兰州大学物理科学与技术学院的师生，深感责任重大。物理术语的准确性、概念的清晰表达以及文化的差异，都是我们在翻译时必须仔细斟酌和考虑的问题。我们的目标是尽可能保留原作的精确性和趣味性，同时确保中文读者能够无障碍地享受阅读，并从中获得知识。

我们期待这套译丛能为我们的读者提供一扇窥探物理世界奥秘的窗口，我们也寄希望于为推动科技进步和社会发展贡献一份力量。展望未来，我们将继续秉承"科学普及是实现创新发展的重要基础性工作"的理念，不断加强自身科普能力，推动科普事业向更高水平发展。同时，我们也呼吁更多的科技工作者加入科普工作的行列，共同推动科普事业蓬勃发展。我们相信，在全社会共同努力下，科普事业定将迎来更加美好的明天。

最后，我想向所有为这套书的诞生付出努力、提供支持的同仁和朋友们表达我的感谢。感谢他们为我们在翻译过程中遇到的问题提供了专业解答。在此，我也诚挚地邀请各位读者打开这套书，随我一同踏上一段探索物理世界的精彩旅程。

刘　翔

2024年6月

译者序

在翻译"牛津通识读本"之《简说粒子物理》的过程中,我对"牛津通识读本"有了更为深入的了解。注意到该系列之一 *Radioactivity: A Very Short Introduction* 一书的一个主要的原因是,放射性广泛存在于我们的周遭,给人类社会带来巨大变革的同时,普罗大众对它也是陌生的,甚至是恐惧的。鉴于我自身粒子物理与核物理的专业背景,我觉得应该将 *Radioactivity: A Very Short Introduction* 一书译成中文,让大众有机会知晓放射性,也算是尽一份科研工作者科学普及的责任。尤其是,在我接过"金城首席科普专家"聘书的时候,这份责任感愈发强烈。

正当翻译本书时,我接到了兰州大学出版社科学技术编辑部冯宜梅副主任的电话,她告诉我,兰州大学出版社正在策划科普图书出版项目,希望我能够给些建议。我就将目前在做的工作和一些思考与她做了深入的交流,最终我们确定出版一套"物理科普简说译丛"。除本书之外,我们又从"牛津通识读本"系列中挑选了其他四本书——*Magnetism*：*A Very Short Introduction*，*The Laws of Thermodynamics*：*A Very Short Introduction*，*Nuclear Weapons: A Very Short Introduction*，*Nuclear Weapons*：*A Very Short Introduction*，兰州大学物理科学与技术学院的其他三位老师应邀参与其翻译工作。能够带动更多的老师参与科学普及的工作，于我而言是最开心的事。希望大家能够关注这套"物理科普简说译丛"。

贝克勒尔发现放射性已过去了127年，世界正在经历百年未有之大变局。放射性对于我们是如此重要，它既是能源，也是医疗手段，更是人类探索未知世界的一种方式，这是它"善"的一面。当然，它也有"恶"的一面，核武器、核危害、核污染无时无刻不在提醒我们警觉这把"达摩克利斯"之剑。希望通过我们的努力，读者们能够经本书一窥神秘的放射性。我也建议出版社在本书封面设计时可凸显放射性的两面性，正所谓一图胜千言。

尽管我有相关专业背景，但于我而言，翻译这本书的过程也是一个不断学习的过程。放射性会被广泛应用于地质和古人类学的研究，本书对这些内容也有诸多精彩的介绍。在翻译这部分内容时，我曾向兰州大学资源环境学院的张宝庆老师寻求过帮助。作为我带领学生们开展科普实践的写照，本书的翻译工作有兰州大学物理科学与技术学院2019级的三位本科生参与其中。我们师生间常常就一些翻译的细节有过深入的讨论和交流，遇到一些不熟悉的术语的时候，我会做大量的调研，然后告诉学生们我的调研过程和结果。对于我的学生们而言，我这样做的意义会大于翻译一本书本身。

在我写下这份译者序的时候，正值2023癸卯年正月初一。寄于一尺书桌，我写下这方文字，期待本书的出版。借此机会，我要感谢包括张宝庆、汪塞飞叶在内的同事们给予的帮助，同时，我也要特别感谢兰州理论物理中心的支持。

刘　翔

2023年1月22日于兰州大学

引　言

你无法躲过放射性。

甚至你手里拿着的书也有轻微的放射性。但请放松并继续阅读，你的眼睛和身体受到的辐射影响远低于国际放射防护委员会建议的最高水平。如果你正在阅读电子书，那就更不用担心了。

但像放射性气体氡（氡-222）则会造成非常严重的危害。这是一种天然铀的产物，可从地下的土壤侵入你的房子。建筑材料，包括花岗岩、混凝土和砖块，都会放出大量的氡。这种放射性气体没有任何气味和颜色，并且可以在不被察觉的情况下，积累到会损害你健康的程度。根据世界卫生组织的数据，在许多国家，这是导致肺癌的第二大诱因，仅次于吸烟。烟会在你的肺里沉积放射性的钋-210和铅-210原子，而它们都存在于烟叶中。

其实，你的身体自身也含有少量的放射性原子，包括软组织中的钾-40和骨骼中的铅-210。你还在不断地从食物中吸收着放射性原子，包括施过磷酸盐肥的蔬菜。正如西方谚语"人如其食"所云，所以你是具有放射性的。

　　你也会不断地被来自太阳或来自银河系外围的粒子和射线穿透。尽管大气和地球磁场可以保护你的身体不受这场宇宙风暴的影响，但你仍然暴露在了微弱的次级宇宙辐射中。如果你身处大气层稀薄的高海拔地区，次级宇宙辐射会更强烈。每秒钟至少有一个缪子穿过你的身体。缪子是一种类似于电子的粒子，但质量是电子的200倍。如果放射性会产生声音，那么它产生的噪声将是难以忍受的。要想听到放射性的"声音"，需要使用核物理和粒子物理学家研制的特殊仪器才行。在过去的一个世纪里，放射性的历史差不多与辐射和粒子探测器的发展进程联系在一起，从19世纪放射性研究的先驱者们使用的感光底板和静电计，到现代这些通过先进的微电子电路与计算机连接起来的半导体和闪烁体。

　　我们接触到的许多材料都有微弱的放射性，但大多数情况下，这种影响很小，小到即使是精密的探测器也测不出来。

　　有这么一群科学家特别关注放射性和辐射。他们是寻找稀有粒子，研究其衰变的物理学家。那些粒子只有在极低放射性和辐射本底的地方才能被探测到。世界上最"安静"的地方之一是意大利核物理研究所的地下实验室。它建在意大利中部的格兰萨索山下。从罗马到拉奎拉，绕道A24高速公路，再穿过山脉的隧道，就会把你带到有三个大教堂大小的大厅，每个大厅长100 m，高近20 m。它们装有复杂的粒子探测器，就像欧洲核子研究中心（Conseil Européen pour la Recherche Nucléaire，CERN）的大型强子对撞机所用的那样。1400 m厚的岩石屏障将宇宙辐射的通量减少到一百万分之一。此外，山上的白云岩中，铀和钍的天然放射性水平，也只有地球表面放射性水平的几千分之一。

意大利格兰萨索实验室（The Italian Gran Sasso Laboratory）可以进行非常有挑战性的实验。其中的Opera探测器可以捕捉到从732 km外的CERN实验室的加速器发射到格兰萨索山的难以捉摸的中微子（质量非常小的电中性的基本粒子）。2011年，Opera实验组的物理学家宣布，他们观测到CERN实验室发射出的中微子的速度超过了光速。这一发现，打破了爱因斯坦狭义相对论提出的速度极限。但后来在测量过程中又发现了反常，这一结果目前仍有争议（后面证实这是一起科学乌龙事件）。

特殊材料可以用来提高格兰萨索探测器的灵敏度。例如，来自占罗马的120块铅锭被用于国际无中微子双贝塔合作组（Cryogenic Underground Observatory for Rare Events，CUORE）探测器的一项测量中微子质量的研究中。这些铅锭是从2000年前在撒丁岛海岸沉没的船只上发现的。它们每块重约33 kg，原本是要被制成硬币、水管或投石机的弹丸的。新开采的铅具有轻微的放射性，因为它含有铅-210。它是铀的自然衰变序列的一部分，半衰期（放射性核子数量减半的时间）为22.3年。然而，经过两千年的放射性衰变，罗马铅锭的原始放射性已经消失。

最近，格兰萨索的一个探测器首次截获了一些反中微子。它们是由在我们脚下数千公里的地球内核中的铀放射所产生的。这些所谓的地球中微子带来了新的有关地球内部的宝贵信息。灵敏的中微子探测器BOREXINO还可以看到人造中微子。这些人造中微子来自地球上435个运行中的核反应堆，以及来自数百个用于研究、生产放射性药物，提供船舶和潜艇动力的小型反应堆。

欧洲核子研究中心到格兰萨索的中微子束

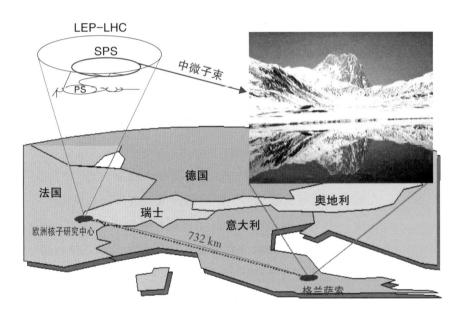

用于测量中微子从欧洲核子研究中心（日内瓦）到 732 km 外的格兰萨索实验室（意大利）的飞行时间的系统示意图

像BOREXINO这样的探测器可以被用作全球核监测仪，类似于"老大哥"①对核反应堆燃料进行监视，以确保其没有被用于非法活动。每年，世界上的核反应堆会产生2万kg的钚，这是核武器的主要原料。美国劳伦斯利弗莫尔国家实验室（The Lawrence Livermore National Laboratory）正在开发一种用于核安全保障应用的中微子探测器，供联合国国际原子能机构（International Atomic Energy Agency，IAEA）的监察人员使用。

还有另一个，是由全面禁止核试验条约组织（Comprehensive Test Ban Treaty Organization，CTBTO）开发的"老大哥"在监视着全球的核辐射，以确保各国不进行新的核弹试验。它由一个全球网络组成，利用放射性及地震学原理、水声学原理和次声来探测、收集任何核爆炸的迹象。全世界建立了80个监测站来监测大气中可能存在的放射性粒子。

---

① 译者注："老大哥"是小说《1984》中的监控者，此处是指由在维也纳的CTBTO开发的国际监测系统。

1946 年 7 月 25 日，原子弹试验之后，比基尼环礁上空的蘑菇云。一些船只被安置在爆炸地点附近以测试核爆炸的影响

即使是用于和平用途的核设施也可能会引发全球核恐慌。2011年3月，9级地震和海啸袭击日本后，数百万人惊恐地观看了福岛核电站灾难性的画面——大量的放射性沉降物，包括铯-137和碘-131，从受损的反应堆被运送到数千公里以外的地方。维也纳CTBTO的监测系统就核电站喷出的放射性物质发出了预警，但毫无作用。

核辐射具有两面性，有光明的一面，也有黑暗的一面。正如我们将看到的：一面，它可以帮助科学家进一步了解宇宙、地球和我们人类的演化，它可以生产能源、促进粮食安全并增进人体健康，大多数医院都有癌症诊断和治疗的核医学科；另一面，放射性也能毁灭人类。

这是一个关于我们与原子核中的强大力量交往的简短故事。

目　录

第一章

打开了潘多拉的核盒子

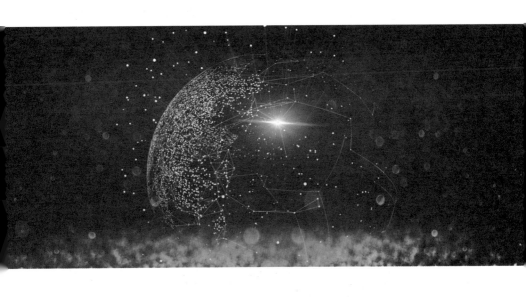

《潘多拉》是英国前拉斐尔派画家约翰·威廉姆·沃特豪斯
于1896年的作品。

在法国国家图书馆查阅玛丽·斯克沃多夫斯卡·居里（Maria Sklodowska Curie）的实验室笔记本时，你必须采取一些预防措施。因为它们在这位伟大的科学家使用它们的地方，受到了每平方厘米几贝克勒尔的放射性污染。你极有可能受到超过国际放射防护委员会建议剂量的辐射。她喜欢在家里做饭，所以她的烹饪书也有很高的放射性。在她生命的最后几年，她在参加国际会议时，手上缠着绷带，因为她的双手被辐射严重灼伤。玛丽在她的实验室里吸入了大量的沥青铀矿粉尘，这很可能是造成她恶性贫血的原因，并最终使她在1934年去世。她的女儿伊雷娜·约里奥-居里（Irène Joliot-Curie）在同一实验室工作，也因过度暴露于辐射中，年纪轻轻就死于白血病。

1898年2月6日，玛丽·居里的双手可能受到了严重的辐射，她愤怒地在笔记本上写下当时实验室的温度是6.25℃，并加了十个感叹号。

1897年12月，她和她的丈夫皮埃尔·居里（Pierre Curie）就一起开始了她的论文。玛丽对这个项目充满了热情，即使在她身处巴黎市工业物理化学学校里的小实验室里也依旧如此。她热衷于了解亨利·贝克勒尔（Henri Becquerel）的意外发现。贝克勒尔是巴黎自然历史博物馆（the Museum d'Histoire Naturelle）中致力于自然科学研究的物理学教授。两年前，贝克勒尔注意到，即使铀矿物事先没有暴露在阳光下，也会使包裹在遮光纸中的卢米埃尔感光底板变黑。这意味着一种新形式辐射的存在，科学家们称之为"铀射线"。

贝克勒尔最初打算研究铀盐等荧光物质的特性，寻找像 1895 年威廉·拉德·伦琴（Wilhelm Conrad Röntgen）在德国维尔茨堡大学发现的 X 射线那样的辐射。伦琴在研究低压气体放电的影响时观察到，一个荧光屏（一张涂有铂氰酸钡的纸）即使被屏蔽或放在隔壁房间，在放电过程中也会发光。贝克勒尔相信，类似的神秘射线可能是由天然荧光物质发出的。在 19 世纪下半叶，这一研究方向引起了许多科学家的关注。他们正在对放电管中观察到的所谓"阴极射线"进行实验。放电管内部的真空是由原始的水银泵制造的，而高电压是由基于吕姆科夫线圈的变压器产生的。当时，荧光材料、感光底板和验电器组成了唯一一种可用的辐射探测器。

1897 年，英国物理学家约瑟夫·约翰·汤姆森（Joseph John Thomson）证明了阴极射线是带负电荷的粒子。他利用这些粒子在电场和磁场的偏转，测出了它们的荷质比，由此发现了第一种亚原子粒子——电子。电子质量是氢原子质量的 1/1837。由于这一发现，约瑟夫·约翰·汤姆森在1906年获得了诺贝尔物理学奖。

　　没过多久，X射线的光芒就盖过了阴极射线，令科学界和公众都兴奋不已。德皇威廉二世邀请伦琴到宫廷展示他的"新射线"，并向他颁发了普鲁士皇冠勋章。安娜–贝尔塔·伦琴（Anna-Bertha Röntgen）[①]瘦骨嶙峋的手成了"新射线"的一个标志（图1），这在过去110年中被许多教科书所记载。"我看到了自己的死亡"是她在看到第一张人体部位的X射线照片时发出的著名感叹。照片上还能看到结婚戒指。

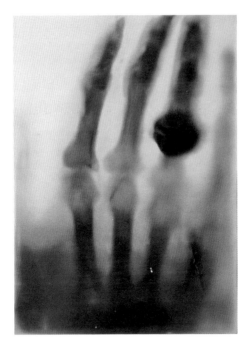

图1　威廉·伦琴于1895年12月22日拍摄的
　　　安娜·贝尔塔·伦琴的手的X射线照片

---

　　① 译者注：安娜·贝尔塔·伦琴为威廉·拉德·伦琴的妻子。

贝克勒尔并没有找到他要找的东西，但他发现了铀的天然放射性。玛丽和皮埃尔·居里在随后的工作中发现，其他自然元素也有这种特殊的性质。

贝克勒尔和他的同事们还注意到，放射性会引起验电器的放电。验电器是一种通过静电力产生的效应来测量电荷的仪器（例如静电力可以使两片带电的金叶移动，其位移量与电荷量成比例）。早在1785年，法国科学家查尔斯-奥古斯丁·德·库伦（Charles-Augustin de Coulomb）就已经发现验电器可以自发放电。仅过去了一个多世纪，这一现象就最终被解释为，是受到了来自地球（也来自宇宙，我们将在后面看到）电离辐射的影响。

"放射性"一词首次出现在皮埃尔和玛丽·居里于1898年7月发表的论文《论一种包含在沥青岩中的放射性新物质》中。沥青铀矿一词来自德语"Pechblende"，又称"坏运气岩石"。1789年，一位柏林的药剂师马丁·克拉普罗斯（Martin Klaproth）在波西米亚的圣约阿希姆斯塔尔（Sankt Joachiimsthal，现捷克共和国的亚希莫夫市），从沥青铀矿中分离出一种新元素，他以新发现的天王星之名将其命名为铀。在圣约阿希姆斯塔尔，采矿的历史可以追溯到1516年。当时，人们发现了丰富的银矿脉，但与此同时，也发现许多矿工患上了一种奇怪的疾病，人们认为罪魁祸首是"恶臭气体"和邪恶的"地下侏儒"。1879年，这种疾病被诊断为可能是肺部的"恶性肿瘤"，但直到1932年，《美国癌症杂志》（*American Journal of Cancer*）才确认，"最可能导致这种肿瘤的原因是镭辐射，它在亚希莫夫矿坑空气中的含量高达 50 马谢"（马谢是一个体积活度的旧单位，相当于 13.45 Bq/L）。

居里夫妇分离出来的这种新物质被命名为钋，以纪念玛丽的原籍国。事实上，波兰当时并不存在，因为它被普鲁士、俄罗斯和奥地利帝国瓜分了。这是科学史上第一次，一种新的、看不见的元素只通过它发出的射线被识别出来。钋-210 是铀-238 的衰变产物，是钋最丰富的同位素。

他们的实验之所以成功，是因为使用了比贝克勒尔的感光底板测量更定量的方法。居里夫妇使用验电器来测量放射性物质引起的，与"铀射线"的强度成正比的空气电离。利用皮埃尔·居里和他的兄弟雅克（Jacques）在 1880 年发现的"压电现象"，可以将非常小的放射性剂量进行量化。

放射性的单位是以亨利·贝克勒尔命名的。一贝克勒尔（Bq）表示放射性物质每秒内原子核发生一次衰变（或原子核分裂）。这个单位在国际标准体系中被使用，并取代了旧单位居里（Ci），1 Ci 相当于 370 亿 Bq，大约是 1 g 镭的活性。

在 1898 年 12 月发表的一篇论文《沥青铀矿中含有的一种新型强放射性物质》中，皮埃尔和玛丽宣布发现了镭（在拉丁语中意为"射线"）。现在我们知道，镭的主要同位素镭-226 是铀-238 的衰变产物，后衰变为氡-222。最初，这种新元素被提取出来的并不多。四年后，玛丽从 1 t 沥青岩中提取到了 0.1 g 的镭。在接下来的几年里，镭成为一种非常受欢迎的元素。许多人认为，这种能发出不可见射线并能够在黑暗中发出阴森恐怖蓝光的物质，将是添加到食品和饮料中的绝佳配料。

居里夫妇在1903年获得了诺贝尔奖，"以表彰他们对亨利·贝克勒尔教授所发现的辐射现象的研究所作出的非凡贡献"。2011年1月，在联合国教科文组织发起的国际化学年期间，玛丽的孙女海伦·朗之万–约里奥（Hélène Langevin-Joliot）发表演讲，讲述了在皮埃尔和玛丽发现镭之后，法国科学院只将皮埃尔·居里和亨利·贝克勒尔的名字转交给了诺贝尔委员会，最终，在皮埃尔的强烈抗议下，玛丽被列入提名名单。

不过，没过多久，放射性的先驱们就意识到这种现象是多么危险。在诺贝尔奖颁奖典礼上，皮埃尔·居里将他的发现与诺贝尔本人发明的炸药相比较。他说："我们甚至可以认为，镭在犯罪分子手中会变得非常危险，这里可以提出一个问题，即人类是否能从了解大自然的秘密中获益，是否准备好了从中获益，或者所获的知识是否会对人类无害。"一个多世纪后，我们如何妥善地处理核物质的问题仍未得到解答。

1911年，在皮埃尔意外去世的五年后，玛丽·居里获得了她的第二个诺贝尔奖，而这次是化学奖，"以表彰她通过发现镭和钋元素，分离镭和研究这种非凡元素的性质和化合物而对化学的发展所作出的贡献。"在第一次世界大战开始时，玛丽已经在波尔多的一家银行储存了当时世界上的大部分的镭。

1898年，当居里夫妇宣布他们的放射性发现时，一位出生在新西兰的科学家，当时在英国的卡文迪什实验室（the Cavendish Laboratory）做研究生的欧内斯特·卢瑟福（Ernest Rutherford），发表了另一个令人振奋的发现。他观察到铀发出的两种射线——α射线和β射线，前者很容易被阻止，后者的穿透力很强。

为了验证不同辐射的吸收特性，卢瑟福用不同厚度的铝板覆盖了铀材料，用一个验电器测量由透射的辐射产生的电流。贝克勒尔也确信铀辐射有不同的成分，为了识别它们，在1899年和1900年，他回到了对铀发射的β粒子的研究，在磁场中对它们进行偏转。β粒子的偏转程度取决于它们的质量和电荷，并且符合当时已知的经典物理学的基本规律。通过这些实验，他证实了β粒子具有与汤姆逊发现的电子相同的荷质比。

9

1900年，法国物理学家保罗·维拉德（Paul Villard）发现了更具穿透力的射线。卢瑟福后来证实，它们是类似于X射线的电磁辐射，但波长较短，并称它们为γ射线（图2）。

1908年，卢瑟福证明α射线是被剥去所有电子的高能氦原子。一种强烈的α射线发射体——镭，被放置在一个管壁很薄的管子里，并将管子密封在一个器壁较厚的大容器里。α粒子可以从薄壁管中逃脱，但仍然被困在大容器中。辉光放电可以显示出最初没有出现的氦的典型原子光谱。

同年，卢瑟福由于对"元素分裂和放射性物质的化学研究"而获得了诺贝尔化学奖。

在玛丽·居里早期的探索中，她并不知道放射性是由来自原子的核结构的嬗变所致。她不得不等待新西兰的科学家们的进一步研究。

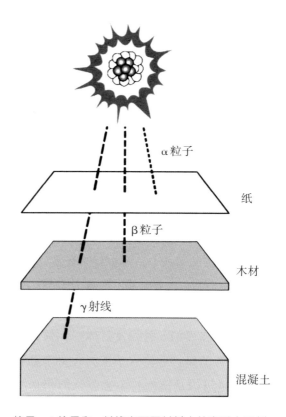

图2　α粒子、β粒子和γ射线在不同材料中的穿透力示例

原子核

"这就像你用一颗15英寸的炮弹去轰击一张薄纸，而你竟然会被反弹回的炮弹击中一样"，欧内斯特·卢瑟福无法相信轰击那么薄的金箔的α粒子会被反弹回来。直至那之前，他一直相信约瑟夫·约翰·汤姆森教授提出的模型：原子是由电子组成的，带有负电荷，而某种正电荷则均匀地分布在一个直径为 $1/10^{-7}$ mm（千万分之一毫米）的球体中。这就是著名的"葡萄干布丁"模型。不过，这个模型无法解释最新的实验结果，因为α射弹在穿过"布丁"时只会发生小的偏转。

1909 年，欧内斯特·卢瑟福的合作者汉斯·盖格（Hans Geiger）和一个研究生欧内斯·马斯登（Ernest Marsden）在曼彻斯特大学进行的实验中得出了一个出人意料的发现。他们在真空下使用一个小探测室，里面有一安瓶的氡–222作为α粒子源，一个金箔作为靶子，以及一个粒子探测器（图3）。粒子探测器由一个覆盖有硫化锌的玻璃屏构成。几年前，一位科学家威廉·克鲁克斯（William Crookes）爵士在他的家庭实验室里做实验时，发现氡发出的辐射会使硫化锌发光。这种现象是如此美丽，以至于他发明了一个被称为"sphintariscope"的放射性万花筒，并在伦敦的商店里出售。他假设β射线和γ射线产生了微弱且均匀的光，而α粒子则造成了单独的闪烁。盖格和马斯登在他们的实验中就采用了这种技术。

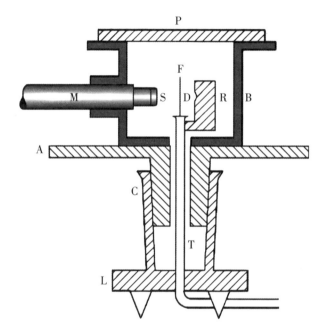

它包括真空中的一个小室，里面包含一安瓿的氡-222作为α粒子源（R），一个金箔作为靶子（F），附在显微镜（M）上的一个闪烁体（S）

图3　盖格和马斯登的仪器，卢瑟福用其发现了原子核

当α粒子击中闪烁体时，用可以绕着圆柱形盒子旋转的显微镜来放大由此产生的微型闪光图像，以对金箔在不同角度上发射出的α粒子进行计数。为此，盖格和马斯登不得

不在一个黑暗的实验室里工作，他们的眼睛需要花30分钟左右的时间适应之后，才能看到这些小痕迹。学生、有时还有来自学术界以外的妇女，都参与了这项乏味的工作。后来，盖格发明了他的盖格计数器，测量出电离辐射在气体中产生的电荷。盖格计数器的发明使得实验者的生活变得更加轻松。

在卢瑟福的建议下，马斯登正在观察α粒子以大角度散射的可能性。在黑暗的实验室里待了几天后，他报告了一个令人兴奋的消息：一些α粒子在一次散射后会发生角度超过90度的偏转。这些大角度偏转只能通过假设金原子中的正电荷不是均匀地分布在原子大小的球体上，而是集中在一个质量大于α粒子的小球体上来解释。约瑟夫·约翰·汤姆森的一位合作者早先进行的β粒子实验被用来支持"葡萄干布丁"模型。这个实验是假设了最终的偏转是材料中的原子多重散射的结果。

1911年，卢瑟福提出了一个新的原子模型，预示着核物理学的开始。根据这个模型，原子有一个直径是它的10^{-4}（一万分之一）的原子核。以金原子为例，它的原子核直径约为14 fm（费米，1 fm=10^{-15} m）。原子核还包括大部分的原子质量和所有的正电荷。不过卢瑟福没有使用"原子核"这个词。相反，他表示，"原子的中心有一个正的点电荷"。更轻的电子分布在原子核外的体积内。因此，α粒子可以穿过原子核之间的空隙而不发生偏转，只有当它们接近原子核的中心电场时才会发生大角度散射。四年后，尼尔斯·玻尔（Niels Bohr）在卢瑟福的原子模型中加入了一个新的特征——电子轨道的"量子化",它将粒子限定在某些轨道上。这一假设对于解释原子的稳定性是必要的。事实上,它是量子物理学开端的典型标志之一。

接下来我们来了解一下原子核的结构以及如何控制它的嬗变。

核嬗变

"凭借我们今天对原子结构的了解,我们完全可以理解炼金术士所从事的无望的任务。他们努力将不同的元素相互转化,试图将铅和汞转化为金。以他们所掌握的手段,是无法在原子的基本部分,也就是原子核上下功夫的。"这是瑞典皇家科学院诺贝尔物理学委员会主席 H. 普莱耶尔(H. Pleijel)教授在 1938 年 12 月 10 日诺贝尔奖颁奖仪式上的开场白。1938 年 12 月 10 日,在古斯塔夫·阿道夫国王陛下(Majesty King Gustavus Adolphus)将诺贝尔奖授予恩里科·费米(Enrico Fermi)之前,他发表了上述言论。

公元前 7 世纪,来自米利都的泰勒斯(Thales)是已知的第一个试图解释物质结构和行为,而没有求助于某些神灵的哲学家。其他人也在继续这一思路,包括留基伯(Leucippus)和德谟克里特(Democritus)(公元前 5 世纪)。

后者因其名言"除了原子和虚无空间，没有任何东西存在，其他一切都是猜想"而被人记住。到公元前4世纪亚里士多德的时代，希腊哲学家已经得出结论：物质是由土、水、火和空气四种元素组合而成。这些元素在冷、热和其他环境条件的作用下可以相互"转化"，或发生变化。这就是炼金术的起源，它首先由希腊学者提出，然后由阿拉伯学者发展，后在罗马帝国的异教徒时期和基督教时期有过一段无声期。

一种物质转化为另一种物质的过程在希腊语中被称为"khymeia"。生活在8世纪到9世纪初的波斯人贾比尔·伊本·海扬（Persian Jābiribn Hayyān）是一位活跃的alkhymeia（炼金术，后在拉丁语中被称为"alchemia"）艺术的实践者。贾比尔的理论之一，即假定所有金属都是由汞和硫组成的，该理论也被称为Geber。

炼金术在13世纪的欧洲学者中再次流行起来。当时炼金术主要是神职人员的专利，他们能够理解阿拉伯文文本。来自牛津的方济各会士罗杰·培根（Roger Bacon）是这一时期最著名的炼金术士之一。在教会的支持下，炼金术士是非常积极的实验者，他们研究物质的行为方式，同时也试图从更普通的材料中提炼出生黄金。在接下来的几个世纪里，炼金术士们继续他们的工作。这些炼金术士中，一些人是严肃的自然哲学家，试图了解物质和宇宙，其他人则是恶棍和骗子，他们承诺提供点金石和神奇的灵药。其中一位著名的炼金术士是菲利普斯·奥雷欧斯·帕拉采尔苏斯（Philippus Aureolus Paracelsus），一位将矿物质和其他物质用于医学的先驱者。

爱尔兰人罗伯特·波义耳（Robert Boyle）在炼金术的演变中发挥了关键作用。他想把炼金术与给它带来坏名声的"魔法活动"区分开。他为这门新学科命名了"化学"这一名称，去掉了阿拉伯文的条款。波义耳提出了确定物质元素的实用方法，将物质元素定义为不能被分离成更简单物质的物质。新的自然哲学家们越来越具有现代科学家的属性，他们能够证明，根据波义耳的定义，土、水、火和空气并不是元素。随即，他们又证明，地球是由数十个基本元素组成的。在18世纪，法国贵族安托万·拉瓦锡（Antoine Lavoisier）能够证明空气是氧气和氮气的混合物。拉瓦锡还确信水是由氢和氧组成的，但在法国大革命期间，在他证明这一点之前就被送上了断头台。

1803年，英国科学家约翰·道尔顿（John Dalton）提议将原子视为物质的基本组成部分，其中每种元素都由不同的原子组成。在希腊哲学家只用逻辑法则来构想原子后的2300多年以来，原子作为物质的基本组成部分的构想再次出现。道尔顿想走得更远，发展能够识别原子行为和属性的实验。他的下一步是根据原子所代表的元素，给出原子的某些规则。1869年，俄国化学家德米特里·门捷列夫（Dmitri Mendeleev）完成了这项工作。他根据元素的特殊性质，将所有已知的元素排列在他著名的元素周期表中（图4）。

碱金属 碱土金属 过渡金属 卤族元素 稀有气体 超重元素

H 1																	He 2
Li 3	Be 4											B 5	C 6	N 7	O 8	F 9	Ne 10
Na 11	Mg 12											Al 13	Si 14	P 15	S 16	Cl 17	Ar 18
K 19	Ca 20	Sc 21	Ti 22	V 23	Cr 24	Mn 25	Fe 26	Co 27	Ni 28	Cu 29	Zn 30	Ga 31	Ge 32	As 33	Se 34	Br 35	Kr 36
Rb 37	Sr 38	Y 39	Zr 40	Nb 41	Mo 42	Tc 43	Ru 44	Rh 45	Pd 46	Ag 47	Cd 48	In 49	Sn 50	Sb 51	Te 52	I 53	Xe 54
Cs 55	Ba 56	Lu 71	Hf 72	Ta 73	W 74	Re 75	Os 76	Ir 77	Pt 78	Au 79	Hg 80	Tl 81	Pb 82	Bi 83	Po 84	At 85	Rn 86
Fr 87	Ra 88	Lr 103	Rf 104	Db 105	Sg 106	Bh 107	Hs 108	Mt 109	110	111	112	113	114	115	116	117	118

镧系元素

La 57	Ce 58	Pr 59	Nd 60	Pm 61	Sm 62	Eu 63	Gd 64	Tb 65	Dy 66	Ho 67	Er 68	Tm 69	Yb 70

锕系元素

Ac 89	Th 90	Pa 91	U 92	Np 93	Pu 94	Am 95	Cm 96	Bk 97	Cf 98	Es 99	Fm 100	Md 101	No 102

图4 门捷列夫于1869年首次提出的化学元素周期表

在20世纪初，由于放射性的发现，最终使人们可以观察到原子、原子的结构以及它们嬗变的能力。

麦吉尔大学的一块牌子上写着：

"在这个地方，欧内斯特·卢瑟福和弗雷德里克·索迪（Frederick Soddy）于1901—1903年期间，正确地将放射性解释为从原子核中发射粒子，并建立了元素自发嬗变的规律。"

索迪在去蒙特利尔之前，毕业于牛津大学（Oxford）化学系，并于1921年获得诺贝尔化学奖。诺贝尔化学奖表彰他"在人们理解放射性物质的化学性质上的贡献，以及对同位素的起源和性质的研究"。根据索迪的说法，同位素是"有相同的外层电子系统的元素，原子核上具有相同的净正电荷，但原子核中的正负电荷总数不同，因此质量不同"。11年后，人们发现，不同的同位素具有相同数量的质子，但中子的数量不同。

基于自发现放射性以来积累的研究，卢瑟福和索迪得出结论：放射性元素的原子与构成我们周围材料的普通元素的原子不同，它是不稳定的，随着原子核发射α或β粒子而衰变。放射性衰变后留下的新原子具有与最初的母原子不同的物理和化学性质。

例如，质量数为238的不稳定铀核素可能会衰变并放出一个α粒子，即质量数为4的氦核，留下一个更轻的不同元素的原子，即原子质量数为234的钍原子。钍原子也会发生衰变，放出一个β粒子，并产生与钍原子质量数相同的镁元素。放射性嬗变最终将原来的铀原子转变为稳定的铅原子（图5）。

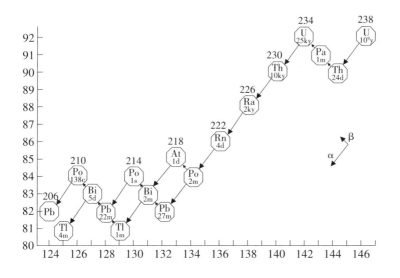

图5 铀-238的衰变链

在嬗变过程中，核子可能被留在激发态，直到最终通过发射γ射线释放出它们额外的能量。

这两位科学家还发现了放射性的一般规律：

$$N(t) = N_0 e^{-\lambda t}$$

其中，时间 t 的放射性核素的数量 $N(t)$ 是由 N_0 和 $t=0$ 时的放射性核素的数量和特征衰变常数 λ 给出的。

假设放射性是一个统计过程，就可以得到这一定律。如果我们考虑，在时间为 t 时总共有 $N(t)$ 个放射性核素，并假设每个放射性核素在单位时间内有相同的衰变概率 λ，那么，在时间 dt 内衰变的放射性核素的数量 dN 就是：

$$dN = -\lambda N(t)\, dt$$

对这个方程进行积分，可以得到卢瑟福和索迪在实验中发现的放射性的指数衰减规律（图6）。衰变常数 λ 与半衰期 $T_{1/2}$ 的关系为：

$$T_{1/2} = \ln2/\lambda$$

到目前为止，我们一直在讨论不稳定自然物质的嬗变问题。1919年，卢瑟福首次展示了元素的人工转化。他将稳定元素氮转化为氧，最终实现了炼金术士的梦想。这是通过用镭的高能 α 粒子轰击氮来完成的。他注意到，偶尔会有一个 α 粒子陷入原子核中，而一个快速质子被射出，留下一个氧-17的原子核。卢瑟福人工转化产生的这种罕见的重氧形式在自然界中非常稀有（0.0373%）。它于1929年首次在大气中被观测到。

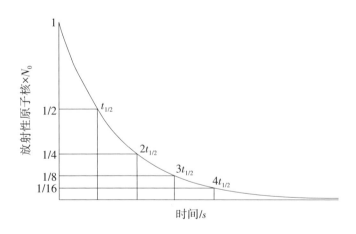

图6　卢瑟福和索迪在1902年阐明的放射性衰变规律

卢瑟福进行的核反应可以用以下公式表示：

$$_2^4He_2 + _7^{14}N_7 \rightarrow _8^{17}O_9 + _1^1H_0$$

其中，元素符号左上方的数字对应于中子和质子的总数（质量数），左下方的数字对应于原子核中的质子数（原子序数），右下方的数字对应于中子的数量，中子是原子核中的中性粒子。正如我们将看到的，中子将在卢瑟福的嬗变实验几年后被发现。

同年，即1919年，让·佩林（Jean Perrin）提出，将氢转化为更重元素的核反应可能是太阳和其他恒星产生能量的原因。人们花费了几十年的时间来验证并遵循这一观点，进一步证明了核嬗变是宇宙中物质演化的基本机制。

在第一个核反应被发现之后，许多其他反应也被发现，包括发生在伊雷娜·居里和她丈夫弗雷德里克·约里奥（Frédéric Joliot）的实验室里的反应。1932年，他们注意到，用来自钋源的α粒子轰击硼，会产生正电子和中子。

正电子是同年由加州理工学院的卡尔·安德森（Carl Anderson）发现的电子的反粒子。中子是与质子具有相同质量的中性粒子，由英国物理学家詹姆斯·查德威克（James Chadwick）在正电子被发现的几个月前发现。查德威克是在分析约里奥·居里夫妇以前的实验结果时发现中子的。当时约里奥·居里夫妇用α粒子轰击铍，他们错误地将产生的穿透性粒子解释为高能γ射线而不是中子。两年前，即1930年，柏林物理学家瓦尔特·博特（Walther Bothe）也获得了类似的结果。查德威克使用来自钋的α粒子仔细地重复进行这些实验，并得出了结论，瓦尔特·博特和约里奥·

居里夫妇进行的核反应是：

$$_2^4He_2 + _4^9Be_5 \rightarrow _6^{12}C_6 + _0^1n_1$$

这对夫妻的团队在硼的核反应方面取得了更大的成功。他们确定了两个同时进行的核反应过程：

$$_2^4He_2 + _5^{10}B_5 \rightarrow _7^{13}N_6 + _0^1n_1$$

$$_7^{13}N_8 \rightarrow _6^{13}C_7 + e^+$$

这个实验导致了一个令人兴奋的结果：一种新的放射性形式被发现。

| 人工放射性

伊雷娜和弗雷德里克注意到，在移除放射性钋源之后，正电子的发射仍在持续。α粒子和硼之间的核反应产生了氮-13，这是一种不稳定的核素，在自然界中并不存在，但可以通过人工方式创造，并进行化学分离。他们将这种半衰期为9.97 min，可以转化为碳-13并放射正电子的新形式的氮称之为放射性氮。这就是"人工放射性"的发现。使用同样的方法，约里奥·居里夫妇用α源轰击铝和镁，分别产生了磷的放射性同位素（放射性磷或磷-30，$T_{1/2}=2.50$ min）和硅的放射性同位素（放射性硅或硅-27，$T_{1/2}=4.16$ s）。在同样的情况下，他们可以用化学方法将放射性物质与构成被轰击材料的大部分未改变的原子分开。

1934 年 2 月，伊雷娜和弗雷德在《自然》（*Nature*）杂志上发表了他们的发现，并于 1935 年 12 月获得诺贝尔奖，"以表彰他们对新的放射性元素的合成"。在同一篇论文中，他们提出，氮、碳、磷、硅这些物质的放射性同位素和其他放射性物质可以用质子、氘核和中子等粒子对其轰击产生。

事实上，当约里奥·居里夫妇用来自天然放射性物质的 α 粒子进行核反应研究实验时，在伯克利的回旋加速器实验室里，欧内斯特·劳伦斯（Ernest Lawrence）、斯坦利·利文斯顿（Stanley Livingston）和其他美国物理学家也正在用高能氘核（同位素质量为 2、原子序数为 1 的核素，有时称为重质子）进行类似实验，观察人造放射性的产生。许多其他实验室也利用放射源和新发明的离子加速器，独立开展了一系列类似的实验。

用于产生高能带电粒子束的加速器是基于不同的原理。第一类系统是基于高电压的使用，通过真空管中的巨大电位差加速离子。在卡文迪什实验室（Cavendish Laboratories）建造的考克洛夫–沃尔顿系统的电压（基于电压倍增器）可以达到几十万伏，而在普林斯顿大学建造的范德格拉夫发电机（通过转动皮带积累高电压）可以产生超过 100 万 V 的电压。第二类加速器中，离子沿着电磁波被加速。第三类加速器是利用电场的共振获得多重加速。伯克利的回旋加速器实验室拥有这类系统中最先进的设备。它的基础是使用大型电磁铁，可以将氘核加速到几百万电子伏特的能量。

在罗马，正在开发一项令人兴奋的工作。在著名的帕尼斯佩尔纳路物理实验室里（Physics laboratory of via Panisperna）（该建筑目前是意大利内政部的一部分），恩里科·费米（Enrico Fermi）（或称"教皇"，他在小组中被昵称为"教皇"，以承认他的科学权威）和其他"小伙子们"[①]学会了如何通过我们前面提到的核反应（本文第31页核反应）在铍片上蒸发钋来制造中子源。

$$_2^4He_2 + _4^9Be_5 \rightarrow _6^{12}C_6 + _0^1n_1$$

在1934年的头几个月，恩里科·费米使用中子来产生人工放射性。中子的通量比α粒子的通量低得多，所以尽管其反应截面比α粒子的要大得多，但科学家们还是无法得到任何结果。反应截面是对核反应发生概率的一种测量，以靶恩（b）为单位（$1b=10^{-28}m^2$）。费米用一个更强大的氡–铍源取代了钋–铍源。氡–铍源是通过将氡粉和铍粉填充到玻璃球中而得到的。结果，该小组最终生产出了几种放射性物质。

恩里科·费米和他的团队对钍和铀进行辐照，一直到相信它们会产生新的超铀元素。事实上，在1934年夏初，恩里科·费米去度假时就确信他及他的团队创造了一种新元素，即所谓的"93号元素"。只是他并不知道实验结果已经产生了核裂变反应——铀核分裂成更小的核，并释放出了粒子和能量。尽管他的德国同事，一位曾多次获得诺贝尔奖提名的杰出化学家和物理学家——伊达·诺达克（Ida

①译者注：1934年，33岁的费米和他的年轻的团队进行着核反应的试验。

Noddack）已经提醒过他们这种可能性。

费米于 1938 年获得了诺贝尔奖，因为他"证明了由中子辐照产生的新的放射性元素的存在，以及他在慢中子带来的核反应中的相关发现"。

同年 12 月，德国科学家丽莎·迈特纳（Lisa Meitner）和她的侄子奥托·罗伯特·弗里希（Otto Robert Frisch）提出了铀原子在吸收一个中子后会分裂成两个较轻的碎片的想法，原子的分裂可以解释在中子和铀的反应中产生的钡同位素。这一想法在他们的同事奥托·哈恩（Otto Hahn）和弗里茨·斯特拉斯曼（Fritz Strassmann）在柏林进行的实验中刚刚被证实。根据迈特纳和弗里希的说法，铀俘获一个中子会产生一个巨大的"复合核"，所有的中子和质子都会被中子储存的额外的能量所激发。复合核是玻尔刚刚提出的一个概念，当时他与弗里希一起在哥本哈根工作。铀会拉长并"裂变"成两个碎片，就像一滴水。哈恩被授予1944 年的诺贝尔化学奖，"因为他发现了重原子核的裂变"。玻尔提名迈特纳和弗里希为 1946 年的诺贝尔物理学奖候选人，但没有成功。

迈特纳及其同事于 1939 年在《自然》杂志上发表了他们的成果。同年，德国入侵波兰，加入了第二次世界大战。同年，约里奥和其他科学家在《自然》杂志上发表了"最近的实验表明，在慢中子轰击所引起的铀的核裂变中，中子被释放出来"。这是产生链式核反应所需的效果。战争冲突方的科学家们在考虑向希特勒提供大规模毁灭性武器的可能性。

费米在斯德哥尔摩获得诺贝尔奖后，移居美国并开始着手建造一个核反应堆。这将是1942年开始的曼哈顿计划的一项关键活动，该计划的目的是制造第一颗核弹。

核"潘多拉的盒子"现在已完全打开，越来越多的放射性核素被生产出来，变成了环境中自然存在的辐射源。

放射性环境

26

自然存在的原始放射性核素来源主要是铀-235、铀-238、钍-232及它们的衰变产物和钾-40。地壳中的铀、钍和钾的平均丰度分别为2.6×10^{-6}、10^{-5}以及1%。

铀和钍通过中子和α粒子诱导的反应产生其他放射性核素，特别是在地下深处，那里的铀和钍浓度很高。通过这些反应产生的长寿命放射性核素包括铍-10、碳-14、氯-36和铝-26。它们的存在已经用超灵敏的原子计数方法在云母铀矿和沥青铀矿中测得，这将在下面的章节中讨论。由铀-238的自发裂变和铀-235的中子诱导裂变产生的放射性核素碘-129，也可以在铀矿物中测得。

天然放射性的一个弱源来自一次和二次宇宙射线分别与大气层和岩石圈的核反应。它们包括碳-14、铍-10以及我们将在第三、第七和第八章中讨论到的其他长寿命的地质时钟。强烈暴露在宇宙射线下的地外物质的积累，对地球环境中放射性核素总库存的贡献很小。

大气层和地下的核武器试验也将大量的放射性核素引入环境中。短寿命的放射性核素已经衰变消失，但一些长寿命的放射性核素，如碳-14和钚-239，仍然存在。其他核活动，包括核电反应堆的运行和退役、燃料再处理和核废料处理，都是环境中放射性的来源。

核电站的事故也会导致环境中放射性的产生。1986年的切尔诺贝利事故是核电历史上最严重的事件。那次事故将大量的放射性核素喷射到整个北半球。燃烧着的反应堆产生的"云"携带着裂变产物，特别是碘-131（$T_{1/2}$=8 d）和铯-137（$T_{1/2}$=30.1 a）遍及欧洲大部分地区。后者在土壤和某些食品中直到现在仍可检测到。在受污染的乌克兰、白俄罗斯和俄罗斯的部分地区，至今仍然有500多万人生活在那里。这些地区的铯-137的放射性超过37 000 Bq/m²。1986年5月，在意大利东北部，雨水将大量的铯-137和其他放射性核素带到了地面上，蘑菇、野生浆果和野味中的放射性仍然可被监测到。

最近，人们对核反应堆受到极端环境或地质事件冲击后果的恐惧越来越大。特别是，2011年3月，距东京200 km的福岛核电站因大地震和随之而来的海啸而几乎熔毁之后。福岛核事故导致大量的放射性物质被散布到环境中。在福岛县种植的蔬菜中，铯-137的含量达到80 000 Bq/kg，是法定上限的160倍。在东京的自来水中检测到的碘-131含量为200 Bq/L，是法定上限的两倍多。

自从发现放射性以来，越来越多的天然和人造的放射性核素被调集起来。主要利用放射性核素工作的系统，在许多部门内具有极其重要的社会经济价值，如在能源、卫生、工业和农业部门。因此，需要采取严格的措施来确保它们的安全和可靠。

国际社会遵循IAEA确定的准则，正在大力投资建设用于改善放射性材料的实体保护和核算系统。许多边境管制点都安置了中子和γ探测器。例如，对中子的探测将揭示铀和其他核材料的存在；大多数人们比较关注的放射性核素，会发射能量相对较高的γ射线，当它们穿透包装材料时，能够很容易地被识别出来；纯粹的β发射体，如磷-32、锶-90和钇-90，在运输过程中很容易被隐藏。当发现放射性物质时，核取证专家会被调来寻找可能揭示其来源的线索。

自贝克勒尔和居里时代以后，对人类和环境的辐射保护已经有所改善。20世纪20年代，许多国家颁布了第一批辐射防护指令。1928年，斯德哥尔摩新成立的国际放射防护委员会提出了第一批辐射防护建议，以防止"上皮组织的损伤和内部器官的紊乱以及血液的变化"。有好几年，在制定保护政策时没有考虑到累积的、长期的遗传效应。

关于辐射对人体和其他生物体的影响，特别是通过对核事故和对放射性非和平应用的研究，目前已经积累了大量的知识。

伤害你的身体

辐射可以穿透人体组织，通过和轰击射线性质相关的机制与体内的原子和分子相互作用。在 X 射线被发现后，人们立即意识到了它对人体的影响。关于被 X 射线烧伤的第一份报告出现在 1896 年的《英国医学杂志》（*British Medical Journal*）上。放射性的影响在其发现后不久就为人所知，并在那个世纪末时的科学杂志上被报道。

带电粒子，如质子、β 粒子和 α 粒子，或是重离子，通过利用电磁力与原子发生作用，轰击人体组织从而在局部释放其能量。这种相互作用迫使电子从原子中剥离，形成一个电子–离子对的轨道，或称电离径迹。正如汉斯·贝特（Hans Bethe）在 1930 年所表明的那样：离子在穿过物质时，单位路径上损失的能量与其电荷数的平方成正比，并随着粒子自身能量的增加而线性减少。

这里所考虑的粒子的能量，无论是由自然发生的放射性同位素发出的，还是由加速器产生的，通常都是以百万电子伏特（MeV）来衡量。这是一个粒子在被 100 万 V 的电压产生装置加速时获得的能量。一个能量为 1 MeV 的电子具有 94% 的光速。而具有相同能量的 α 粒子或重离子的速度相比就低得多。

来自镅-241的能量为5.5 MeV的α粒子，穿进你的身体组织时，会产生数以万计的电子-离子对。这些α粒子无法穿过你的衣服，如果它们直接击中你的皮肤，将停在外层，即表皮，其穿透深度小于50 μm。

从放射性研究的早期开始，电子-离子对就被用于电子测量仪和电离室来检测辐射。在空气中形成1个电子-离子对需要35 eV。1个5 MeV的α粒子在停止前会产生大约14万个电子-离子对。更多的自由电子是由其他材料产生的。如半导体只需要2~3 eV就能产生1个电子-空穴对，这使得它们作为辐射探测器非常有效，因为即使是低能量的辐射也会产生一个可测量的电信号。

高能量的X射线或γ射线光子可以很深地穿进你的身体。有时，X射线或γ射线在碰撞事件中失去的能量可以将电子从原子中击出。丧失全部能量的入射光子产生光电效应，损失部分能量的光子产生康普顿效应。如上所述，由此产生的正离子和电子在局部释放能量，与原子中的电场相互作用。当光子的能量高于1.02 MeV时，核电场可以将γ射线转化为两个有质量的粒子（正负电子）。负电子运动将通过电离过程停止，而正电子将湮灭，向相反的方向发射出两条相等的γ射线。

中子也可以很深地穿进身体组织，并通过核力与原子核相互作用消耗能量。与电磁力相反，核力只在一个非常小的范围内起作用，但它更强大，这就是为什么它也被称为"强"力的原因。中子与氢核（你的身体中的氢含量丰富，主要来自水中的氢）的相遇特别容易，能量能从撞击的中子转移到质子靶上。由此产生的高能质子就像所有带电粒子一样，会减速并沿其路径在局部释放能量。中子还能诱发构成你身体的元素发生不同的核反应，当然，这取决于它们的动能。例如，慢中子可以黏附在氢核上，产生氘核并释放出γ射线。

电离辐射会对你的身体细胞造成损害，能破坏染色体，打破DNA链（图7）。γ射线和中子会穿透你的皮肤，到达你所有的内部器官。放射性材料发出的这种辐射在一定距离内也是危险的。发射α粒子的放射源只有在你摄入时才会造成严重的健康危害。俄罗斯克格勃特工亚历山大·利特维年科（Alexander Litvinenko）于2006年被谋杀，经检查他摄入了1 μg的钋-210（$T_{1/2}=138$ d），据推测放射源可能是伦敦的一家寿司店给他的。这种放射性核素只发射α粒子，α粒子在放射性物质的国际运输中，可以很容易逃过辐射监测器的检测。

你的身体有一些天然的放射性，包括碳-14原子，它发射的β粒子会损害靠近放射性核的一些细胞。你体内碳-14的放射性衰变是13.6次/（g·min），如果你的体重约为70 kg，则相当于3700 Bq。存在于你体内的其他放射性核素有钾-40（4000 Bq）、铀（2 Bq）、钋-210（40 Bq）、镭-226（1.1 Bq）、钍（0.21 Bq）和氚（23 Bq）。

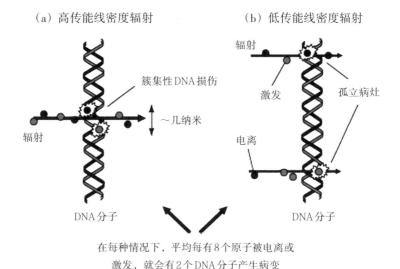

(a) 高传能线密度辐射　　　　(b) 低传能线密度辐射

簇集性DNA损伤

激发

孤立病灶

~ 几纳米

辐射

电离

辐射

DNA分子　　　　　　　　　　　　DNA分子

在每种情况下，平均每有8个原子被电离或
激发，就会有2个DNA分子产生病变

图7　高传能和低传能线性能量转移的电离辐射对DNA的损伤

　　电离辐射在人体组织和器官中沉积的能量被称为吸收剂量，以戈瑞（Gy）为单位。1 Gy的剂量对应于储存在1 kg组织中的1 J的能量。一定量的能量沉积所造成的生物损害取决于所涉及的电离辐射的类型。以希沃特（Sv）为单位的等效剂量是剂量与系数w的乘积。该系数w与特定射线或粒子的能量累积对生物体造成的有效损害有关。对于X射线、γ射线和β粒子，1 Gy对应于1 Sv的等效剂量；对于中子，1 Gy对应于5～20 Sv的等效剂量，系数w为5～20（取决于中子能量）。质子和α粒子的w值分别等于5和20，还有一个加权系数。评估所谓的有效剂量，要考虑到人体不同器官和组织的辐射敏感性。有时，剂量仍以雷姆（rem）为单位，雷姆即旧制单位，100 rem对应于1 Sv。

你的身体可以接受 1 Sv 的剂量而不会感到特别不适。如果全身摄入 2 Sv 的剂量，你就会感到恶心，头发也会脱落。摄入如果超过 2 Sv 的剂量，你可能会死亡。剂量为 3 Sv 时，你死亡的概率为 50%。摄入低于 1 Sv 的剂量，不会立即产生躯体效应，但会产生长期的遗传后果，增加患癌症的概率。这是由于调节细胞繁殖的基因诱发的变化造成的。

在一年中，你从天然辐射中摄入的平均剂量约为 2420 μSv（1 μSv=10^{-6} Sv），其中，1260 μSv 来自氡，480 μSv 来自其他环境放射物，390 μSv 来自宇宙射线，290 μSv 来自食物。一次普通的放射性检查相当于摄入了 100 μSv 的辐射量。你在牙医处进行 X 射线分析的摄入剂量是 10 μSv，相当于一年中你从自己体内的天然放射性中得到的量。你从 X 射线乳腺检查中摄入的辐射量相对较多，为 1000～2000 μSv，而从 CT 扫描中摄入的辐射量约为 3000～4000 μSv。

如果你每天抽 20 支烟，那么烟草的放射性带来的额外年辐射剂量是 200～400 μSv。吃一根香蕉会使你的年辐射剂量增加 0.1 μSv。如果你和伴侣一起睡觉，即使在床上也不安全，因为你将在夜间摄入 0.05 μSv 的额外辐射剂量。从罗马到悉尼的往返旅行将给你带来 500 μSv 的辐射量。看书摄入的辐射剂量率约为 0.01 μSv/h，它主要来自钾-40，远低于背景辐射剂量率（0.1～0.4 μSv/h）。

如果你的职业让你暴露于电离辐射中，国际放射防护委员会建议你每年摄入的辐射剂量限于 20 mSv（1 mSv=10^{-3} Sv）内。一般人的最大年允许摄入辐射剂量是 1 mSv。这些数字是在不考虑医疗照射的情况下，指背景辐射以上的全身照射。这些限值比国际放射防护委员会在1934年建议的第一个容许摄入辐射剂量要小得多，当时对职业暴露的工人的容许摄入辐射剂量是 500 mSv（直到1949年才考虑对公众的剂量限定）。

　　职业上暴露于辐射的工人，可以非常有效地测量到他们所受到的来自外部辐射源的辐射剂量。最流行的个人监测器被称为热发光剂量计，它以锂氟化物晶体为基础。电离辐射导致晶体原子中的一些电子跃迁到更高的能级，留在所谓的电子"陷阱"中。这些陷阱是通过添加特定的杂质产生的。加热晶体能使电子回到它们的基态，发射出能由光电倍增管测量出辐射剂量的光。这些辐射剂量仪用于监测γ射线、中子和β粒子。为了即时检测剂量，人们还可以依靠其他个人辐射剂量计，如基于电子-空穴对的硅二极管探测器。这些辐射剂量计有效取代了基于空气电离的旧剂量计。最后，还可以利用全身或部分身体的放射剂量计数来检查身体的放射性污染情况。

第二章

无尽的能源？

《神奈川冲浪里》是日本画家葛饰北斋于 19 世纪初期创作的一幅彩色浮世绘版画作品。

1903年，皮埃尔·居里发现一克镭提供的能量足以在一小时内煮沸一克水。在发现放射性一年后，沥青铀矿产生的能量让贝克勒尔和居里感到费解。似乎铀和其他自然界中的放射性物质可以无尽地产生能量，这显然违反了公认的热力学定律。

现在我们知道这些现象当然没有违反物理定律，并且地球上自然放射性元素产生的能量是巨大的。天然放射性主要由铀、钍和钾元素产生。地球上所有的这些放射性元素可以产生 $12.6×10^{24}$ MJ（1 MJ=10^6 J）的热含量，而地壳的热含量为 $5.4×10^{21}$ MJ。相比之下，这显然大大超过了2011年全球发电消耗的 $6.4×10^{13}$ MJ 的热量。

这种能量会逐渐或突然地向地球外层消散，只有很小的一部分可以被利用。可用的能量取决于地球的地质动力，它控制热量转移到地球表面。地球消散的总能量约为 42 TW（1 TW=10^{12} W），其中，8 TW 的能量来自地壳，32.2 TW 的能量来自地幔，1.7 TW 的能量来自地心。这与太阳向地球传输的 174 000 TW 的能量相比是微不足道的。

　　地热发电最好的方式是利用几公里深的渗透性裂隙网络，其表面积很大，温度达到150～200 ℃，可用于热传导。这些裂隙可以人为地扩大，并通过注入井把水带到表面，用于热传导。其他的井可回收用以发电的蒸汽或热水。这些所谓的"增强型地热系统"（EGS）在欧洲可以产生超过100 000 MW的电力。单个EGS发电厂的发电容量能从现有系统的几兆瓦扩大为上百兆瓦。

　　评估全球"干热岩"中有多少潜在的能量可以用于发电是很难的，但是随着三维地震和地下雷达成像技术的改进，用于评估地热资源的技术也将不断升级。基于激光器和高温火焰的新钻井技术将可以触及更深处的地热资源。

　　位于非洲、中美洲、南美洲和太平洋的四十多个国家，都处于地球构造板块的边缘，因此具有火山活动和构造活动强烈的特点，这些国家所有的电力都可以由地热能提供。

　　在过去的40年里，全球的地热发电装机容量直线增加，在2010年达到11 000 MW。最近有预测称，到2050年，全球的地热发电量将达到每年1400 TW。

　　同时，一种人为的放射性过程，即核裂变，也可以大大增加能源产量。

| 核能的黎明

"意大利航海家在新大陆着陆了。"这个神秘的短信息在 1942 年 12 月 2 日被发送给美国国防研究委员会（The US National Research Defense Committee），意思是恩里克·费米和他的团队赢得了 1934 年始于罗马大学的一场秘密竞赛。他们实现了第一个自持核链式反应，开创了核能受控释放的新时代。

核裂变反应释放的中子有相对较高的速度。费米在罗马就发现快中子需要减速，这样才能增加它们与铀原子反应的可能性。裂变反应发生在铀-235 上。铀-238 是其最常见的同位素，只吸收慢中子。当中子被质量相近的原子核散射时，它们的速度会减慢。这个过程类似于两个刚性球正面相互碰撞，入射的球把动能全部传给第二个球，而后停下。"慢化剂"如石墨和水，可以用来减慢中子的速度。

每次核裂变事件会释放 200 MeV 的能量，比燃烧化石燃料等化学过程释放的能量多数百万倍。"这个过程伴随着一些中子的释放而发生，这些中子会引起进一步的裂变，从而引发链式反应。"这是匈牙利物理学家利奥西拉德（Leó Szilárd）首先提出的想法。

当费米计算链式反应是否能在铀和石墨的均匀混合物中持续进行时，他得到了一个否定的答案。这是因为铀-235裂变产生的大部分中子在引发进一步裂变之前就被铀-238吸收了。正如西拉德所建议的，正确的方法是使用分离的铀块和石墨块。铀块中的铀-235分裂产生的快中子在石墨块中会减速，然后在下一个铀块中再次产生裂变（图8）。

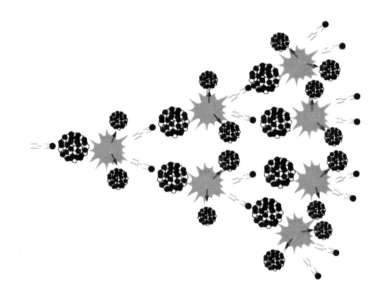

图8　铀-235链式反应示意图

临界质量是维持链式反应所必需的最小质量，此外，链式反应材料必须具有一定的几何形状。易裂变核素是铀-235（天然同位素丰度为0.720%）、铀-233和钚-239，它们均能与低能中子维持核裂变链式反应。后两种物质在自然界中不存在，但可以用中子对钍-232和铀-238分别进行辐照，通过"中子俘获"反应而人工产生。铀-238（天然同位素丰度为99.27%）也可以发生裂变，但它不是易裂变核素。在核武器中，链式反应发生得非常迅速，以爆发性的方式释放能量。[1]

　　费米和他的团队评估了最好的铀和石墨的排列方式，并在芝加哥大学足球场的壁球场上建造了第一个核反应堆，因此它被命名为"芝加哥一号堆"（Chicago PileNumber 1）。它由2×2×4 m³的石墨和铀交替堆成。57层材料包括6 t金属铀、40 t氧化铀和380 t石墨。在堆上安装了镉棒（一种能强力吸附慢中子的元素），以控制链式反应。一个"敢死队"也在反应堆的顶部待命，时刻准备在紧急情况下向堆中扔一桶镉盐溶液，以中断链式反应。

　　1942年12月2日下午3点25分，费米下令慢慢地把镉棒取出来，中子计数器的滴答声越来越快，宣布了第一个人造链式反应实验成功。这真是打开尤金·维格纳（Eugene Wigner，1963年诺贝尔奖得主）带到现场的基安蒂酒的好时机。

　　这种现象在地球上已经不是第一次发生了。

　　大约20亿年前，在西非加蓬的奥克鲁铀矿中发生了一场天然的自持核链式反应，天然水充当了慢化剂。在这个

----

　　① 译者注：铀-238也能在中子作用下变为钚-239，从而发生裂变，但只有快中子才能做到这一点，而钚-239会产生一些慢中子，但慢中子不足以引起进一步的裂变，故铀-238不能作为链式反应原料。

铀矿床中，至少有17个核反应堆达到了临界，每个反应堆的运行功率为20 kW。这一现象是在20世纪70年代被发现的，当时法国科学家在奥克鲁铀矿中发现铀-235与铀-238的比值为0.717%，略低于正常的自然值0.720%。

根据我们将在第七章讨论的核合成理论，铀-235和铀-238的原始丰度分别为34%和66%。按照它们各自的半衰期，铀-235（$T_{1/2}$ = 7.04亿a）比铀-238（$T_{1/2}$= 44.68亿a）要衰变得快得多。在前寒武纪，铀-235还没有衰变到目前的0.720%，而是富集到3%～4%。因此，奥克鲁铀矿的铀浓缩水平与现代轻水反应堆的铀浓缩水平相当。

研究表明，奥克罗反应堆已经运行了几十万年。在此期间，在矿床中产生了超过1 t的钚和其他超铀元素等总计5 t的裂变产物。从那时起，放射性产物已经衰变为稳定元素。钕、铷和其他元素的同位素丰度的异常，可以用古代发生了裂变过程来解释。

有趣的是，奥克罗的研究为地质系统中放射性产物的命运提供了合理的解释，并为设计适合长期处置"芝加哥一号堆"之后建造的反应堆所产生的核废料的储存设施提供了重要的信息。

今天，对于恩里科·费米的原子堆是否可以用于和平生产能源仍然存在争议。安全、放射性扩散、环境和核废料等问题仍然受到公众和决策者的关注，这在一定程度上阻碍了核能发电的广泛应用。

核裂变反应堆

　　当今核反应堆的基本组件、燃料、慢化剂和控制棒，与费米建造的第一个系统相同，但当今反应堆的设计还应包括附加组件（如压力容器，包含了反应堆堆芯和慢化剂）、一个安全壳、一个冗余和多样化的安全系统（图9）。当前，在材料、电子和信息技术方面的技术进展进一步提高了它们的可靠性和性能。反应堆芯通常包括燃料棒组件，每个燃料棒含有氧化铀（UO_2）芯块，它在某些情况下会与氧化钚（PuO_2）混合。减慢快中子的慢化剂有时仍然是费米所用的石墨，但用的更广泛是含有氘原子而不是氢原子的重水。控制棒含有中子吸收材料，如硼或铟、银和镉的混合物。

　　为了去除反应堆堆芯中产生的热量，液体或气体的冷却剂在反应堆堆芯中被循环使用，将热量传递给热交换器或直接传递给涡轮机。水既可用作冷却剂，又可用作慢化剂。在沸水反应堆中，蒸汽是在压力容器中产生的。在压水堆中，热交换器另一边的蒸汽发生器利用核反应堆产生的热量为涡轮机提供蒸汽。一个 1 m 厚的钢筋混凝土结构的安全壳用来保护反应堆。

43

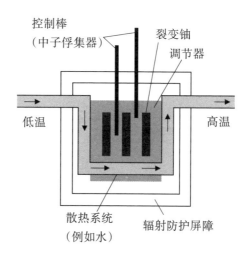

控制棒
（中子俘集器）
裂变铀
调节器

低温 高温

散热系统
（例如水）
辐射防护屏障

图9　核反应堆工作原理

44　　　　2011年，核能发电量占世界总发电量的14%，为全球产生了2518 TWh的电能。截至2012年2月，全球共有31个国家的435座核电站在运行，电力总装机容量为368 267 MW。另外有13个国家正在建设的核电站有63座，电力装机容量为61 032 MW。在第一批实验反应堆建成后，核技术迅速发展。1951年12月20日，位于美国爱达荷州的世界第一座核电站"实验增殖反应堆一号"（EBR-I）发出了足以点亮4个灯泡的电力。1954年6月26日，第一个商业核电站APS-1与俄罗斯奥布宁斯克的电网连接，输出电力为5 MW。

能源专家预测，随着各国追求温室气体减排目标，在不久的将来，核能作为全球能源结构的重要组成部分将发挥更大的作用。目前，世界上还有30亿人口没有用上电力，因此，解决世界能源不平衡问题至关重要。非洲几乎四分之三的人口没有用上电力，这是制约非洲发展的一个关键因素。

许多新的电力反应堆正在发展中国家和新兴国家的建设或规划中，特别是在中国和印度。然而，最近发生在日本的福岛第一核电站事故已迫使几个国家放慢或推迟其国家核能计划。2011年，德国决定在2022年前完全停止其核项目。意大利在一次全民公投中，超过90%的人投票反对政府重新启动核能计划的提议。

核动力反应堆的技术发展被划分为四代（图10）。

第一代反应堆指的是20世纪50年代和60年代初建造的早期原型反应堆，其通常使用天然铀作为燃料，石墨作为慢化剂。

第二代反应堆主要指20世纪60年代末至90年代中期建造的商用反应堆。目前世界上运行的大多数反应堆都属于这一类。它们通常使用浓缩铀作为燃料（铀-235同位素丰度从天然水平的0.7%增加到3.4%），并用水进行慢化和冷却。

这一代包括以下反应堆（截至撰写本文时的2012年3月9日）：

● 压水反应堆（PWR）（图11）。在26个国家的超过272个核电站中被使用，包括美国、法国、日本、俄罗斯和中国，并在数百艘船上用于推进。它最初是为潜艇设计的发电厂。水既用作慢化剂又用作冷却剂。它有一个在高压下通过反应堆的主冷却回路，以及一个产生蒸汽来驱动涡轮机并提供电力的二级回路。

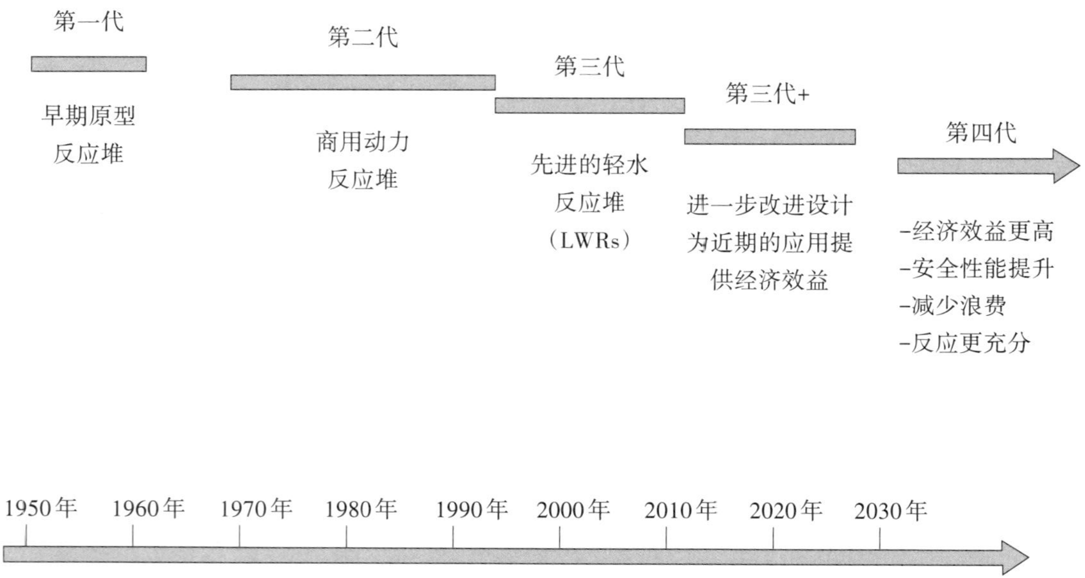

第一代
早期原型反应堆

第二代
商用动力反应堆

第三代
先进的轻水反应堆（LWRs）

第三代+
进一步改进设计为近期的应用提供经济效益

第四代
－经济效益更高
－安全性能提升
－减少浪费
－反应更充分

1950年 1960年 1970年 1980年 1990年 2000年 2010年 2020年 2030年

图10 核反应堆的发展

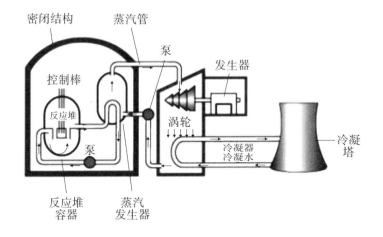

图 11　压水堆（PWR）（水既可作慢化剂，又可作冷却剂）

　●沸水反应堆（BWR）。在美国、日本、瑞典、芬兰、德国、印度、墨西哥、西班牙、瑞士和中国台湾的84座电厂中使用，类似于压水堆，但只有一个带冷却水的回路。

　●压水重水反应堆（PHWR）。在加拿大、罗马尼亚、韩国、中国、印度、巴基斯坦等国的47个核电站中使用，燃料在主冷却回路的高压下通过重水的流动进行冷却。与在压水堆中一样，主冷却剂在二次回路中产生蒸汽来驱动涡轮机。

　●气冷反应堆（GCR）。它在英国的16座核电站中使用，使用二氧化碳作为冷却剂，石墨作为慢化剂。

　●轻水石墨慢化反应堆（RBMK）。它被15个俄罗斯核电站使用（还有一个正在建设中）。它是从生产钚的反应堆发展而来的，压力管通过石墨慢化剂来运行，并由水来冷却。

第三代反应堆由20世纪90年代中期以来建造的先进反应堆组成。它是对第二代反应堆进行了设计升级，包括在燃料利用、热效率和安全方面的改进。它的设计是标准化的，以减少建设成本和维护成本。目前，第三代反应堆已开发出十多种先进设计。这些反应堆包括从压水堆和沸水堆发展而来的反应堆，例如先进沸水反应堆（ABWR）、欧洲压水堆（EPR）和其他八十多种系统。还有一些更具创新性的设计，比如用氦气冷却的卵石床模块化反应堆。

第四代反应堆还只是在概念上，其中大多数要到2030年才能投入使用。它们包括以创新的方式解决有关经济竞争力、安全、保障、废弃物的问题，反对将材料用于核武器扩散以及防止恐怖主义袭击等方面的各种关切。

第四代核能系统国际论坛（GIF）旨在发起选择新的反应堆系统的国际倡议。

IAEA涉及阿根廷、巴西、加拿大、中国、法国、日本、俄罗斯、韩国、南非、瑞士、英国、美国和欧盟（欧洲原子联盟）。IAEA还在国际创新核反应堆项目（INPRO）中推动了与发起选择新的反应堆系统类似的讨论，该项目涉及35个IAEA成员国和欧盟委员会。

GIF和INPRO基于不同的燃料循环和热中子、快中子和超热中子的使用，并考虑了一些创新的概念。

┃快中子反应堆和封闭燃料循环的概念

燃料循环包括铀的开采和加工、铀-235 的浓缩（如果需要）、核燃料的生产、在反应堆中使用燃料、清除和储存使用过的燃料以及可能的再处理，以分离可回收的铀和钚。当乏燃料被再加工时，循环被定义为是封闭的（在第四代概念中，锕系元素也被回收，只有裂变产物被储存和处理）。循环被定义为开放时，乏燃料被储存。

快中子反应堆依靠快中子引起裂变，它不需要慢化剂。快堆的燃料由钚-239 和铀-238 组成。快堆允许将不易裂变核素铀-238 转化为易裂变核素钚-239，而钚-239 是裂变过程中使用的材料，也就是说，在反应堆运行期间，产生的裂变燃料比消耗的要多。冷却剂是一种液态金属，如钠，被用于避免中子慢化，并且允许实现非常高效的热传递。

到目前为止，建造的常规快堆都有一层铀覆盖层（称为"反应堆再生区"）围绕在产生钚-239 的堆芯周围。这个再生区被再加工，以回收钚作为燃料再次使用。因此，钚的消耗和生产都是在一个封闭循环系统中进行的。

快堆最小化中子俘获反应，最大限度地提高了铀和钚的裂变。它们还可以用来裂变由普通热反应堆产生的镅、

49

镁和其他锕系元素，从而减少高放射性废物中长寿命的放射性核素的数量。

　　GIF选择了五个采用封闭燃料循环的反应堆系统：气冷快堆、铅冷快堆、熔盐快堆、钠冷快堆（图12）和超临界水冷堆。

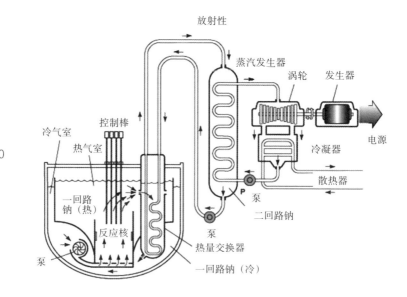

图12　钠冷快堆示意图

加速器驱动系统

加速器驱动系统（ADS）将亚临界核反应堆芯与提供额外中子的离子加速器结合在一起。提议的针对ADS的设计包括直线粒子加速器（LINACs）和环形粒子加速器（回旋加速器）。两者都能产生1亿eV能量的毫安级质子束流。高能质子撞击高原子序数靶（钨、铅等），并通过散裂过程（涉及目标靶解体的高能核反应）产生中子。这些额外的中子使反应堆处于临界状态，因此，当质子束关闭时，链式反应就会停止。这给ADS系统带来了相当大的安全优势，然而，电站的设计和运行也是非常复杂的。

钍基反应堆和燃料循环系统

正如我们所见，在地壳中，钍的含量是铀的3～4倍。

然而，它不含易裂变同位素。天然钍只含有"增殖性"（fertile）同位素钍-232，[①]因此它在动力反应堆中与易裂变的铀-235和钚-239结合，转化为易裂变的铀-233。自核时代开始以来，人们对在燃料循环中使用钍，以增加核燃料的可用率非常感兴趣。目前正在进行的各种方案，主要是在印度。不幸的是，这些方案都需要复杂的再处理和再制造过程，以克服来自短寿命的铀-232（总是与铀-233有关）的高γ辐射问题。然而，钍反应堆现在已被认为是创新的第四代核能系统的一个重要选择。除了丰富的自然资源可以增加核能的长期可持续性外，钍还有其他优势。钍燃料循环产生长寿命锕系元素的概率较低，最大限度地减少了乏燃料的放射性毒性。最后，由于铀-232及其强γ辐射产物的存在，基于钍的反应堆将提供内在的防核武器扩散的能力。

52

｜小型模块化可运输核反应堆

早在20世纪80年代，美国空军就计划建造小型可运输反应堆。作为下一代核反应堆的一部分，小型模块化设计的概念被重新提出。

———————————
① 译者注：增殖性核素指的是能转化为易裂变核素的核素。

未来的小型反应堆将以包括反应堆芯、控制系统、安全系统和蒸汽发生器在内的集成系统为基础，安装在密封容器内，且可以通过船舶或重型交通工具运输到预定地点。在使用寿命结束时，它们还将交由制造商回收。这将防止用户打开反应堆，使用生成的钚制造核武器。

这些小型反应堆包括热中子反应堆和快中子反应堆，计划用于提供从10 MW到300～400 MW的有限电力。纽斯凯尔（NUSCALE）是由俄勒冈州立大学开发的45 MW的轻水反应堆。它可由多个模块组成，当能源需求扩大时，模块的数量可以增加。

以快堆为基础的模型，如劳伦斯利弗莫尔实验室开发的铅冷却反应堆SSTAR模型（小型、密封、可运输、自主反应堆），可在无需换料的情况下运行30年或更长时间。SSTAR重500 t，直径3 m，高15 m，可以产生10～50 MW的电力。

此外，俄罗斯利用其在破冰船上长期使用小型反应堆方面的经验，正在开发类似的可运输反应堆。如KLT-40S模型，可以用于驳船为偏远地区提供电力。它的其中一个机组可以产生35 MW的功率，既可以用于发电，也可以用于提供热量淡化海水。它们同样可以在不补充燃料的情况下使用数年。

尽管人们正在讨论第四代裂变反应堆的许多概念及其益处，但第四代裂变反应堆仍有很长的路要走。在可预见的未来，仍看不到基于轻核的聚变反应替代核能系统的希望。

| 核聚变

核聚变被认为是人类能源问题的长期解决方案。正是核聚变过程使得太阳在过去的 50 亿年里一直发光，而太阳只是一颗中年恒星。

"在卡文迪许实验室里能实现的事情，在太阳上实现可能也不会太困难。"这句话出自英国天体物理学家阿瑟·爱丁顿（Arthur Eddington）爵士。他在 1920 年首次提出，来自太阳的能量是氢转化为氦的结果。他的理论是基于同一年美国光谱学家弗朗西斯·威廉·阿斯顿（Francis William Aston）的发现，即四个氢原子核比一个氦原子核重。根据爱因斯坦在 1905 年揭示的著名的质能关系，氢的核聚变可以为太阳提供 1000 亿年的能量。这比开尔文和冯·亥姆霍兹（Von Helmholtz）等物理学家在 100 年前计算出的 2000 万年～1 亿年的范围要长得多。他们认为太阳能的唯一来源是在吸积过程中积累的引力能。

德裔美国物理学家汉斯·贝特在他 1939 年的论文"恒星的能量产生"中，讨论了太阳和其他恒星内部驱动氢聚变生成氦的所有基本核过程。贝特计算了太阳中心的温度，得到的值与我们目前认为的正确值（1600 万 K）相差不到

20%。他还发现了恒星的质量和光度之间的关系，这与天文观测结果一致。1967 年，贝特被授予诺贝尔奖，以表彰"他对核反应理论的贡献，特别是关于恒星能量产生的发现"。

在所有可能让太阳产生能量的反应中，贝特选择了两个最重要的反应。第一个反应称为 p-p 链反应，即四个氢原子核聚变产生氦。这是太阳和其他相对较小的恒星主要的能量来源。该链可能包含不同的反应序列，但最有可能的是：在第一阶段，两个氢核融合产生一个氘核；在第二阶段，氘核与质子融合产生氦-3；第三阶段进行着不同的反应，所有这些反应都会产生氦-4 核。p-p 链的最终结果是四个氢原子核融合成一个氦-4，释放出的能量等于四个氢-1核与氦-4 核的质量之差。第二个反应称为 CNO 循环，C、N、O 分别代表碳、氮和氧。该反应是基于这些元素在链式反应中充当催化剂，产生相同的效果，即四个氢原子核产生一个氦核，以及一些其他粒子。

在数十亿年的时间里，引力把早期宇宙中所有可用的氢都集中了起来，形成了具有极高温度和密度的核心大质量天体，这正是核聚变的合适条件。氢原子核能克服静电斥力，在核力作用下聚变。在太阳中，每秒就有 6 亿 t 氢原子核变成氦核。

那么，我们怎样才能在一个可控的过程、更小的规模下，重现这些条件获得我们所需的能量呢？

科学家们已经确定，我们可以用来生产能源的最佳核反应是氢-2（氘）和氢-3（氚）之间的聚变反应。从产生能源的角度来说，这是最有效的。实际上，每个聚变反应产生的能量为 17.6 MeV。然而，要克服两个原子核的正电荷排斥所产生的库仑势垒，温度必须达到 4000 万 K 以上（高于太阳中心的温度）。

在聚变所需的温度下，大量的氢变成等离子体——这是一种原子电子分离的物质状态——形成正离子和电子的带电混合物。和气体一样，等离子体没有固定的形状或体积，但由于带电，它可以被磁场塑形。1879 年，克鲁克斯首次发现了等离子体。1928 年，美国物理学家欧文·朗缪尔（Irving Langmuir）将其命名为等离子体。

磁场被用来控制和容纳一个环形磁约束装置内的高温等离子体，这就是所谓的托卡马克装置。等离子体中的氘和氚聚变产生氦核和中子，释放能量。氦核被限制在托卡马克装置的磁场中，而中子携带着 80% 的能量抛弃了等离子体，并最终将这些能量以热量的形式释放到约束系统的容器壁上。

核聚变实验开始于 20 世纪 30 年代，但在莫斯科库尔恰托夫研究所（Kurchatov Institute）建造的第一个托卡马克 T1 直到 1968 年才在苏联成功运行。

从那时起，全球已经建造了 200 多台托卡马克，包括联合欧洲圆环（JET）、日本的 JT-60 和美国的其他装置。国际热核实验反应堆（ITER）是在这一基础上建造的最大和最先进的装置。ITER 是由中国、欧盟成员国、印度、日本、韩国、俄罗斯、美国等国家在法国的卡达拉赫联合开发的。ITER 的托卡马克装置将于 2018 年建成，第一个等离子体将于2019年生产[①]。ITER将继续进行DEMO项目。DEMO是一个将于2030年投入使用的核聚变发电厂原型，并有可能在2040年将核聚变电力投入电网。

氘-氚聚变的燃料容易获得吗？氘存在于海水的氢中，含量为5×10^{-3}，所以这不是问题。主要的挑战是氚的半衰期很短（$T_{1/2} = 12.3$ a），而且在自然界中找不到。不过它可以通过使用以下核反应轰击反应堆中的锂-6来生产。

$$_{3}^{6}\text{Li}_3 + {}_{0}^{1}\text{n}_1 \rightarrow {}_{2}^{4}\text{He}_2 + 4.8 \text{ MeV}$$

为使聚变实验可控，正在考虑的第二个概念是惯性约束，即氘和氚之间的反应由强激光束或核弹产生的高能脉冲点燃。

这一概念是核武器的基础，其中触发聚变所需的压力和高温来自以浓缩铀或钚为基础的裂变炸弹的爆炸。1952年11月1日，美国在马绍尔群岛引爆了第一颗所谓的氢弹或热核炸弹。1953年，苏联引爆了一枚百万吨当量的核聚变炸弹。有史以来最大的氢弹爆炸释放的能量相当于5500万 t TNT爆炸释放的能量，或相当于4000多枚投放于广岛的原子弹爆炸释放的能量。美国军火库中的大多数核弹是氢弹，因为它们更紧凑、更有效。热核炸弹也可以使用氘和锂-6，它结合在一个坚固的氘化锂靶中。根据上面所示的核反应，在爆炸的第一阶段，钚裂变产生的中子与锂反应产生氚。氘和氚之间的聚变在第二阶段进行。中子弹是一种特殊的核聚变装置，几年前曾引起了公众的警觉。它是基于最小

57

---

① 译者注：本书的撰写时间是2012年。

化初级裂变阶段和最大化产生中子反应的聚变阶段而产生的。它特别危险，因为可以用来杀人，但对环境的污染很小，对基础设施和建筑的破坏也很小。

推动惯性约束能源生产的两个主要项目是，法国波尔多的兆焦耳激光项目（the Laser Megajoule in Bordeaux）和美国劳伦斯利弗莫尔实验室的国家点火装置。事实上，这些设施对于验证用于测试核武器发展的计算机程序（以克服国际核试验条约的限制）也很重要。

氘-氚球燃料被装在一个小的金圆柱体中，最近，192个强激光器产生的 1 MJ 的紫外激光脉冲，被输送到美国劳伦斯利弗莫尔实验室内的这个目标上。这个系统可以提供500 万亿 W 的功率，是整个美国发电功率的1000倍。但这个功率只在 4×10^{-9} s（四十亿分之一秒）内产生，在 1 mm³ 的体积中释放 1.8 MJ 的能量。这大约只是 50 mL 汽油所能产生的能量。这些聚变循环必须以非常高的速度重复，才能与现有的能源系统竞争。

美国科学家们希望在未来两年内，实现输出能量增益的自我维持聚变反应，但这可能需要30年才能以一种可用的方式产生电力。自从60多年前首次核聚变以来，许多人认为，我们至少需要30年的时间来开发一个能够工作的核聚变反应堆，而对这一年限的认知在这些年里一直保持不变。目前，兆焦耳激光项目和国家点火装置仍是产生微型热核爆炸的实验设施，用于测试新型核武器。

与此同时，人们也在探索其他的设想，包括氦-3的聚变。这是一个很有吸引力的选择，因为这种燃料是无放射性的，而且不会产生中子和放射性产物。不幸的是，氦-3在地球上的储量极其稀少，但可以在月球上开采。地质时期中，这种气体被太阳风储存在月球上。氦-3也是用于生产核武器的氚的副产品。

第三章

食物和水

《日出》是法国印象派和后印象派画家
克劳德·莫奈于1874年创作的作品。

1911年，当匈牙利化学家乔治·德·赫维西（George de Hevesy）加入欧内斯特·卢瑟福的团队时，他开始怀疑，寄宿公寓的女房东为他供应的晚餐是前一天的剩菜。为证明他的怀疑，他在没有吃的食物中加入了少量的放射性核素。第二天，他在实验室里分析了当天供应的食物，确实证实了自己的怀疑。在接下来的几年里，他显然更认真地运用了自己的科学创造力。1943年，他因"在化学过程研究中使用同位素作为示踪剂"而获得诺贝尔化学奖。

63

在农业方面，用赫维西开发的方法，放射性核素标记核酸已被广泛应用于描述突变特征并协助进行遗传选育。

众所周知，电离辐射也被用来改善食品和其他农产品的许多特性。例如，γ射线和电子束不仅能用来对种子、面粉和香料进行消毒，还能用来抑制植物发芽，破坏肉和鱼中的病原菌，延长食品的保质期。50～150 Gy剂量的辐照会抑制洋葱、大蒜和土豆发芽。1000～4000 Gy剂量的辐照可以延长草莓和其他水果的保质期。杀死肉类和鱼类中的沙门氏菌等细菌需要高达7000 Gy剂量的辐照。保护香料免受微生物和昆虫的侵害则需要多达 30 000 Gy 剂量的辐照。

超过 60 个国家允许对 50 多种食品进行辐照。全球约有 200 多个钴-60源和 10 多个电子加速器用于食品辐照。

基因突变

达尔文关于进化的自然选择观点受到了选择性育种的启发。他在《物种起源》（*On the Origin of Species*）一书中写道："事实上，变异并不是人为的，人们只是无意识地把生物放到新的生活条件之下。于是自然就对生物组织发生了作用，引起其变异。但是人们能够选择，且确实选择了自然给予它的变异，并按某种需要的方式将变异积累起来。"

早在 37 年前，放射性的发现为人工模拟自然界中的自发突变扫清道路时，达尔文就发表了他的理论。

借助于辐射，育种人员可以增加基因多样性，加快选择过程。自发突变率（每一代每个基因的突变数）大约在 $10^{-8} \sim 10^{-5}$ 范围内，而辐射可以将这种突变率增加到 $10^{-5} \sim 10^{-2}$。

γ射线和其他类型的电离辐射可以用来诱导植物突变，

增加"胚质"（可以生长出新植物的活组织），增强其变异性，帮助育种人员提高作物质量。在制订选育计划时，人们通常选择具有高产和抗病等新特性的新品种。电离辐射可以改变植物特定的包括味道和大小等的特性，而不影响植物原本的营养特性。这一过程是模拟了自然辐射诱发的突变，因此，与更具争议的通过引入外来基因成分来实现转基因的生物工程截然不同。

辐射首次应用于植物育种是在20世纪20年代，当时美国遗传学家刘易斯·施泰德（Lewis Stadler）在玉米和大麦中发现了X射线引起的突变。他证实了这些突变类似于自发发生的突变。另一位美国遗传学家、反对核试验的政治活动家赫尔曼·穆勒（Hermann Muller）也进行了类似的实验。

早期的实验产生了奇怪的突变体，比如产生了叶子上有白色条纹的植物。但科学家很快发现，如果在实验时使用大量的种子可以产生更有用的突变体。

目前，联合国粮食和农业组织在IAEA的突变品种数据库（Mutant Variety Database）中列出了160多种植物的2600多个突变品种。在这些突变品种中，人们发现了一株耐盐性极强的水稻突变株。它正在越南种植，并且准备引入到孟加拉国、印度和菲律宾。另外一个成功的案例是利用这种突变培育出了能够抵抗萎蔫病的椰枣，而萎蔫病正是这种植物在北非栽培受到限制的一个主要因素。人们也开始培育其他一些有用的突变品种，如小麦、大麦、木薯、向日葵、香蕉、芝麻、葡萄柚和亚麻籽等。

这种利用突变进行植物育种的实验，有望帮助欠发达国家应对包括可用耕地缩减和饮用水供应枯竭在内的气候变化的影响。

水

在发展中国家，超过一百万人使用不到清洁的水资源。超过40%的非洲人没有饮用水。专家预测，如果不采取紧急行动，到2025年，全世界将有超过60%的人口面临水资源短缺的问题。

毫无疑问，了解地下水的来源、水龄、补给率以及可能的污染来源，对管理水文循环至关重要。放射性同位素技术有助于全球在水安全方面的研究。人们可以使用稳定的同位素以及放射源和宇宙源放射性核素，做示踪剂或同位素时钟，例如氢、氧和碳的同位素，碳-14（$T_{1/2}$=5730 a）、氯-36（$T_{1/2}$=30.1 万 a）、碘-129（$T_{1/2}$=1570 万 a）和氪-81（$T_{1/2}$=23 万 a）等长寿命的放射性核素。

加速器质谱（AMS）是被选择用于检测传统质谱（MS）或衰变计数无法进行分析的长寿命放射性核素的分析技术（图13）。AMS使用离子加速器作为质谱仪和电荷光谱仪的组成部分。因此，离子探测器可以用来识别从样品中提取的每一个离子的核质量和原子序数，并将其加速为高能离子。质谱仪主要局限在只能鉴别分子，因此它不能区分我们想要鉴别的那些核素质量相同的分子。而加速器则可以通过让高能离子穿过箔或气体来破坏分子，从而使它们的束缚电子被剥离。综上所述，AMS能够使同位素分辨率达到10^{-15}，是大多数MS系统的$1/10^6$。此外，使用AMS，原子能够直接被检测，而不是通过测量它们衰变产生的辐射量来检测，所以测量灵敏度不受同位素半衰期的影响。因此，与衰变计数技术相比，AMS检测长寿命放射性核素的效率提高了$10^5 \sim 10^9$倍，分析所需样品的大小可以降低到原来的$10^{-6} \sim 10^{-3}$，测量速度可以提高$100 \sim 1000$倍。

　　宇生长寿命放射性核素[①]为评估地下水的"年龄"提供了独特的方法。"年龄"的定义是水与大气隔离后在地下的平均停留时间。这一年龄可通过假设放射性核素浓度值为已知的向下移动（通过促进地下水补给的复杂水文过程）的地表水的放射性核素浓度，通过测量放射性核素浓度相对于已知值的下降值来计算。

　　通过大气中由宇宙射线与氩气反应产生的氯-36，科学家们可以确定地下水的年龄超过了100万年。但是，由于放射性核素进入"含水层"（一种地质构造，为井水和泉水提供水源）时的浓度不确定性，让该方法变得复杂起来。

---

　　① 译者注：宇宙射线与大气层或地表中的核素相互作用产生的放射性核素被称为宇生长寿命放射性核素。

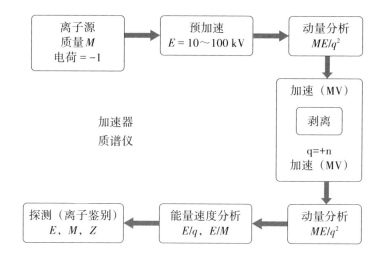

图13　加速器质谱仪的原理图（与常规质谱仪对比）

　　大自流盆地是世界上最大的地下水盆地之一，拥有
64 900 km³的地下水，是澳大利亚内陆重要的淡水来源。通
过分析氯-36来确定其水体的年代，可以知道它们已经有一
百多万年的历史了。这些样品中的氯-36与氯的比率降至
10⁻¹⁶。如此低的浓度必须使用堪培拉澳大利亚国立大学的大
型串联范德格拉夫加速器来进行分析。这些信息被用来确
定流动条件和地下水补给的区域。而由于地下铀产生的

氯-36"污染"了宇生的氯-36，让该方法的应用变得复杂。

另一个地下水"计时器"是高能宇宙射线在平流层产生的氪-81。氪-81完全不受使用氯-36时困扰我们的问题的限制。可以用AMS和足够灵敏的基于激光的原子计数法来测量氪-81。对氯-36和氪-81的测量分析已应用于研究，在过去100万年中，气候对撒哈拉沙漠中的努比亚含水层的影响，这表明该方法可以应用于广泛的水文问题研究。

在一些地下水系统中，砷的浓度达到了危险的程度。在孟加拉国和印度的一些地区，慢性砷中毒是一个主要的社会问题。据估计，孟加拉国80%的地区受到砷的影响，威胁了4000万人的健康。科学家利用放射性研究了砷活化和富集的来源与过程。氚和碳-14被用来评估地下水年龄及其与砷活化的关系。来白核试验的氚和放射性碳的存在表明：一方面，一些被砷污染的水龄是相对"年轻"的；另一方面，更古老的含水层可以追溯到更新世①，古老的含水层显现出了砷含量更低的特征，其对这些地区的人们来说将是一个更好的水源。

---

① 译者注：更新世亦称洪积世，距今约260万年至1万年，是地质时代第四纪的早期。

｜消灭害虫

害虫给人类、牲畜和农作物造成了严重危害，但广泛使用杀虫剂又会危害环境。杀虫剂会杀死蜜蜂和其他益虫，毒害农场工人，污染水和土壤。一个较为理想的替代方法是使用昆虫不育技术（SIT）。

SIT是使用钴-60源的γ射线辐照，使大量繁殖期的害虫雄虫绝育。必须给这些昆虫精确的辐照剂量，即在不损害它们健康的情况下足够让它们绝育。辐照后，不育的虫蛹会通过飞机投放到害虫入侵的地区。不育的雄性会与野生的雌性交配多次，而野生的雌性只会交配一次。如果释放了足够多的雄虫，昆虫的总数就会直线下降，有时甚至可以把一个地区的某种害虫全部消灭。这种方法在小岛屿等孤立地区效果很好。

1938年，爱德华·尼普林（Edward Knipling）在德克萨斯州的美国农业部工作时发明了SIT方法。他的目标是打击螺旋虫蝇，这是一种对牲畜致命的害虫。SIT的第一次测试于20世纪50年代早期，在佛罗里达州的萨尼贝尔岛进行。在接下来的半个世纪里，北美洲和中美洲的螺旋虫蝇被根除。

现在，SIT被广泛用于根除或控制害虫，包括采采蝇、角蝇、地中海果蝇和洋葱蝇。采采蝇带来的灾害对一些非洲国家来说是一个大问题。它可以传播所谓的"昏睡病"，这种疾病会影响牲畜与人群，给经济发展带来巨大损失。联合国各机构正在推动根除采采蝇和其他害虫的全球方案。

在过去几年中，IAEA一直在推动一个集约项目——应用SIT来控制携带疟疾的蚊子。尤其是针对被研究人员设为目标的阿拉伯按蚊。阿拉伯按蚊是撒哈拉以南非洲疟疾的主要传播媒介。世界上每45秒就有一名儿童死于疟疾，而几乎全世界90%的儿童疟疾死亡病例发生在非洲。

第四章

放射性在医学中的应用

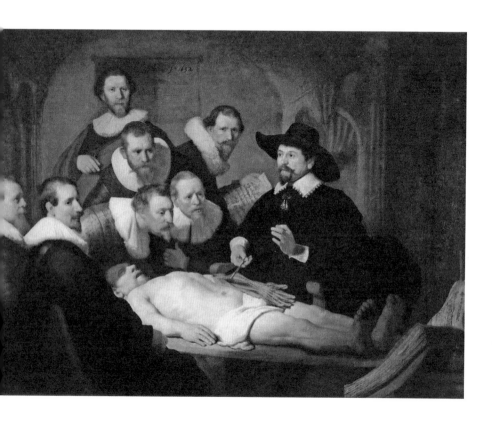

《尼古拉斯·杜尔博士的解剖学课》是荷兰画家
伦勃朗·哈尔曼松·凡·莱因于 1632 年的油画作品。

在第一次世界大战中，20多辆救护车将昵称为"小居里（Petite curies）"的便携式X射线设备和200多件固定X射线设备运往前线。玛丽·居里将她获得的诺贝尔奖奖金用来支持原子科学在医学中的创新应用。X射线对诊断士兵是否骨折和定位士兵伤口内嵌入的子弹位置起到了很重要的作用。

自从19世纪末以来，人们就开始设立X射线医疗部门。1896年，在格拉斯哥皇家医院，约翰·麦金泰尔（John Macintyre）医生指导拍摄了第一张肾结石的X射线照片。

在20世纪初的前几十年中，医生在进行医学检查时，通常用X射线辐照待检查的身体部位，并在胶片上收集透射形成的影像。这个过程病人需要自己拿着胶卷盒。在当时，胶卷曝光需要超过10分钟的时间。而现在的设备只需要几毫秒即可，并且病人承载的X射线辐照剂量要减少至最初的几百分之一。过度暴露在X射线下对X射线医用从业人员来说是个普遍的问题。他们的手指经常会因此患上恶性溃疡后被截肢。

20世纪初，医生们开始使用钡和碘的化合物作为造影剂。他们将其注射到患者体内，使血管、肠胃系统和其他内脏器官显像出来。后来，荧光屏的问世使X射线显影技术得到了进一步发展，它可以用于获取实时动态图像。

20世纪50年代，X射线增强器的发明使人们可以利用电视摄像机来显示X射线影像。这是血管造影技术的前身，这一技术可用于给血管和心脏成像。

20世纪70年代，数字技术和计算机的出现彻底改变了医学成像。这些进步影响了包括血管造影技术在内的所有的基于模拟系统的医学成像方法。数字技术的主要优势是，可以用计算机技术对图像进行增强并对其高效存档，然后通过互联网发送，从而实现远程医疗诊断。

这一时期的一项特殊发明是计算机轴向断层成像扫描系统（CAT）。CAT是1979年获得诺贝尔生理学或医学奖的戈弗雷·亨斯菲尔德（Godfrey Hounsfield）和南非物理学家艾伦·科马克（Allan Cormack）于1972年发明的。CAT设备可以围绕一个旋转轴，从不同角度为扫描目标拍摄多张射线照片。在通常的CAT中，X射线发生器和探测器绕着要成像的身体部位旋转。X射线扫描结果被存储在计算机中，然后用被称为"滤波反投影法(filtered back projections)"的数学算法重建身体内部切片的三维图像。这是基于数学家约翰·拉东（Johann Radon）在1917年发明出来的方法。

位于意大利特里雅斯特的ELETTRA加速器产生的同步辐射，在临床中被用于乳房X射线检查。同步X射线具有一些特殊的性质。它基于X射线折射效应允许高分辨率相位对比成像，提高了图像的质量并减少了辐射剂量（图14）。

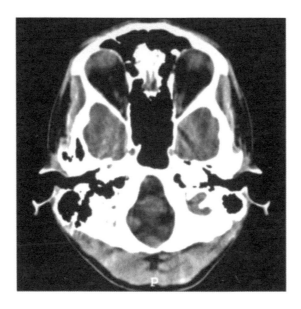

图14 人脑X射线影像图

放射性核素成像技术是在20世纪50年代发展起来的，它用特殊的系统来探测发射出来的γ射线。γ射线探测器被称为γ相机。它将平的晶面与光电倍增管耦合，把数字信号发送到计算机进行图像重建。图像显示了放射性示踪剂在拍摄的器官和组织中的分布。这种方法需要将低放射性化学物质注射入人体。它有一个重要用途，例如，可以用于评估心脏疾病。给患者的辐射剂量与X射线分析的剂量相当，但放射性药物会在体内停留一段时间。注入放射性化学物质的患者，在机场过安检或身处有安全部队监控非法贩运放射性物质的大型活动时会触发警报。基于使用放射性药物的100多项诊断测试，可被用于检查骨骼和器官，如肺、肠、甲状腺、肾脏、肝脏和胆囊等。这些诊断是利用了我们的器官会有选择性地吸收不同化合物的属性。例如，对甲亢的诊断是利用了甲状腺中有高度累积的碘，其他的应用还包括心脏应激、骨骼亚稳态生长和肺部血块等的诊断。许多放射性药物都是基于锝-99m（锝-99的激发态，m表示亚稳态，衰变时发射出γ射线，$T_{1/2} = 6\text{ h}$）。这种放射性核素被用于心脏、大脑、甲状腺、肝脏和其他器官的成像和功能检查。锝-99m是从钼-99中提取的，钼-99的半衰期要长得多，因此更易运输。在核医学中，80%的外科手术都要使用锝-99m这种药物。其他放射性药物还包括钴-57、钴-58、镓-67、铟-111、碘-123和铊-201等短寿命的γ发射体。

在单光子发射计算机断层扫描（SPECT）中，通过γ射线照相机旋转，从不同的角度收集图像，以重建三维图像。铊-201（$T_{1/2} = 73\text{ h}$）是SPECT中测试心脏压力的一种示踪剂，它能发出能量为135 keV和167 keV的γ射线。这种放射性核素现在大部分已经被锝-99m取代。其他放射性核素还有，碘-123（$T_{1/2} = 13\text{ h}$），这种元素主要用于找出心肌的缺血点；镓-67（$T_{1/2} = 78\text{ h}$），可以用于识别急性心肌炎。

正电子发射断层扫描（PET）是一种先进的医学诊断成像技术。这一想法早在20世纪50年代就被人们提出，但直到20世纪70年代早期才被应用。这一技术是基于由诸如氟-18、镓-68、碘-124、碳-11、氮-13、氨和氧-15这类放射性核素示踪物衰变所致的正电子发射（图15）。其中，最广泛采用的放射性核素是氟-18，但它的半衰期不到两小时，这就要求用于产生这种放射性核素的回旋加速器必须在医院附近。

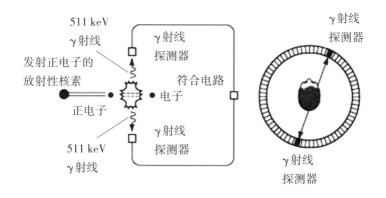

示踪剂发射一个正电子湮灭一个电子，释放出两束γ射线，然后被PET探测器俘获

图15　正电子发射层析成像原理

在医学检查前，示踪剂作为生物活性分子标志被注射进人体内。正电子产生后，立即与电子相互作用而湮灭。相当于两个粒子静止质量的能量（每个粒子为 511 keV）转化为两束总能量相同的γ射线，动量守恒定律会使它们向相反的方向运动。由著名的爱因斯坦方程式 $E = mc^2$（能量等于质量 m 乘以光速 c 的平方）可知，粒子通过相互作用湮灭产生的总能量与质量有关。

人体器官内的每一种放射性核素产生的两束γ射线，都有足够的能量穿透人体，还可以同步被PET探测器探测到。

探测器探测到的电子信号被数字化处理后，发送到计算机，计算机会显示放射性核素分布随时间变化的三维图像，提供器官动态功能的信息。

PET可以测量我们的大脑在完全清醒的状态下，其不同部分是如何工作的。详细研究控制大脑功能的化学过程，可以为可能的功能障碍提供独特的信息。在PET出现之前，医生只能通过尸检来诊断大脑的异常和损伤。总之，X射线CAT显示的是大脑静态结构的细节，而PET提供的是大脑活动过程的动态图像。PET的图像信息常常与在同一时段对患者进行的X射线计算机断层扫描互为补充，这种做法可以更好地定位那些微型组织中存在的放射性药物。

癌症治疗

1898年，亨利·贝克勒尔发现自己的腹部有个红斑（皮肤炎症）。他猜测这是由他放在马甲口袋里的一个镭管引起的，这个镭管是玛丽·居里送给他的礼物。皮埃尔·居里建议他可以把放射性物质放在另一个口袋来验证他的猜测，果然，另一个口袋下的皮肤上出现了第二个红斑。皮埃尔在自己身上进行了重复实验。他卓有远见地意识到这些放射性物质可用于医学上癌症或其他疾病的治疗。

亨利·丹洛斯（Henry Danlos）是巴黎圣路易斯医院（Hôptial St-Louis）的一名医生，他是最早把放射源用于医学治疗的人士之一。1901年，他从皮埃尔·居里那里借来镭放射源，治疗了一位红斑狼疮（一种慢性自身免疫性疾病）患者。不过在此之前，还有更早的关于放射治疗的报道。1896年，也就是发现了X射线后的一年，维也纳放射学家利奥波德·弗洛因德（Leopold Freund）用X射线治疗了一位病人。这位病人是一个五岁的女孩，她的背上长满了巨大的毛痣。治疗持续了五年，很成功，但同时也产生了副作用。女孩的背部出现了恶性溃疡，此后她一直定期接受检查（直到75岁），且情况相对良好。

如今，人们通常使用能够瞄准体内肿瘤的外部放射束对癌症进行放射治疗。电离辐射极易破坏癌细胞，可以抑制，甚至在一些特殊情况下阻止癌细胞的生长。

大多数癌症治疗中心，用直线加速器产生的高能X射线（见第二章）代替钴-60（图16）产生的γ射线。直线加速器可以通过微波加速电子束轰击靶产生不同能量的光子。这些光子可以适形变化，准确适应肿瘤形状，以达到从不同角度辐照肿瘤的目的。

X射线和γ射线的主要问题是：它们在人体组织中的剂量会随进入组织的深度呈指数衰减。射线辐射到达肿瘤之前，大部分剂量都释放在了周围的组织当中，这会增加继发性肿瘤的风险。因此，必须从多个方向用射线轰击深部的肿瘤，才能使其获得足够的剂量，同时又可以尽量减少由于剂量高而对健康组织产生的不必要的伤害。

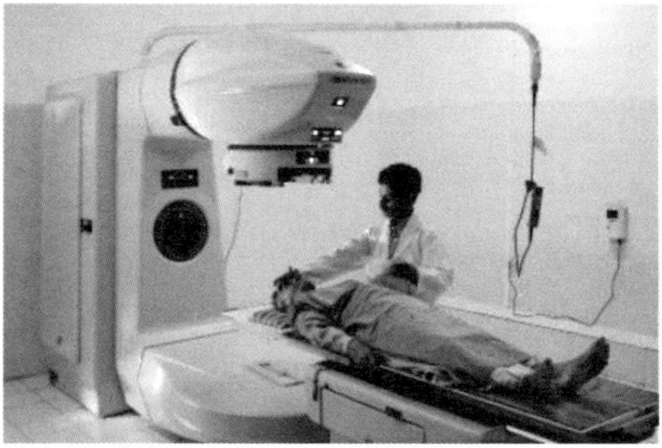

图 16　钴–60 治疗系统

　　将所需剂量高精度输送至深部肿瘤的问题，可以通过使用高能离子的准直束来解决，比如质子或者碳离子的。质子疗法的概念由罗伯特·威尔逊（Robert Wilson）提出，他是参与曼哈顿计划的物理学家之一。1946 年，他发表了一篇名为《高速质子在放射学上的应用》的论文，医学界对此反应平淡。不过，40 年后，加州洛玛琳达大学医学中心（The University Medical Centre of Loma Linda）考虑要建造第一个医疗性质的质子同步加速器中心。在欧洲、美国和日本，目前已有 30 多个使用质子和碳离子的加速器中心正在运行或建设中。

　　与 X 射线和 γ 射线不同，所有的具有给定能量的离子都有一定的射程，在它们被减速直到停下前，会释放出大部分的能量剂量。调节离子能量到可以将大部分剂量输送到肿瘤部位的程度，会大大降低对健康组织的影响。离子束在穿透过程中不会变宽，所以可以精确到毫米级以契合肿瘤的形状（图17）。碳离子等原子序数较高的离子对肿瘤细胞具有更强的生物效应，因此可以减少剂量。离子治疗设备仍然非常昂贵，价格可达数亿英镑，而且操作困难。目前，科学家们正在努力研发更便宜的设备，如使用脉冲激光进行离子加速的设备。

在某些情况下，直接将放射性核素输送到肿瘤可以替代外部放射束的作用。有些是 γ 射线发射体，比如，碘-131可被用于治疗甲状腺癌，铱-192可被用于治疗多种肿瘤。其治疗原理是：放射源通过导管被插入目标区附近（近距离放射治疗）。目前，通过使用发射俄歇电子的铟-111（$T_{1/2} = 2.8$ d）或使用发射 β 射线的铼-188（$T_{1/2} = 16.9$ h）与锶-89（$T_{1/2} = 50.6$ d）来缓解骨癌疼痛。

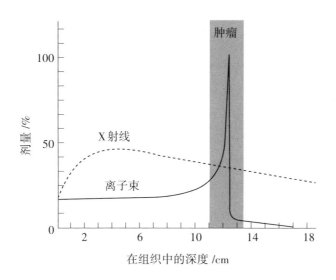

图17　X射线和高能离子穿透生物组织的剂量分布

如果癌细胞转移，外部放射治疗无效，这时治疗不得不转到细胞水平的放射治疗上。现已批准的癌症治疗方法，通常是使用发射β射线的放射性核素，如钇-90（$T_{1/2}$ = 64 h），但这类元素不适合在单个癌细胞上使用，因为需要数千个它这样的粒子才能杀死单个癌细胞。

在这种情况下，放射性核素成为最佳的选择，因为它们产生的α粒子的能量在5～8 MeV之间，通过活体物质的标准射程是50～90 μm（与细胞的大小相当）。α粒子可以在局部释放很强的能量，一个粒子就足以摧毁癌细胞的细胞核。因此，α粒子沿着它的路径可以放出大量的能量，能量剂量比β粒子高数千倍。这通常是通过"线性能量转移"（LET）参数量化的，以千电子伏每微米（keV/μm）为单位。例如，5 MeV能量的α粒子和1 MeV能量的β粒子的LET值分别为95 keV/μm和0.25 keV/μm。α粒子将大部分能量沉积在其路径的末端，具有非常高的生物学效应。

第一个用于α放射性核素临床试验的是铋-213。由于铋-213的半衰期比较短（$T_{1/2}$ = 45.6 min），所以，这种放射性核素必须在产生之后就马上用于病人的放射性治疗。铋-213是锕-225（$T_{1/2}$ = 10 d）的子产物，可以从钍-229的衰变中产生。最近有报道称，有利用铋-213进行有关黑色素瘤、胶质母细胞瘤（脑瘤）和骨髓性白血病治疗的人体实验。铋-213释放的α粒子的能量是8.375 MeV，在人体组织中的射程为85 μm。其最初的LET值是61 keV/μm，而在接近末端时，释放的LET为250 keV/μm，因此所需的剂量能被有效地送达肿瘤细胞。

华盛顿大学的一个研究小组正在测试使用回旋加速器制造的 α 发射体砹-211。砹-211 的半衰期很短（$T_{1/2}$ = 7.2 h），因此它的放射性衰变非常快，对患者的副作用较小。放射性元素砹被装入细胞 DNA 大小的碳纳米管中，然后被输送到细胞中。抗体定位癌细胞与之结合，将放射性原子运送到外膜（放射免疫疗法）。目前，正在进行的是卵巢癌和多形性胶质母细胞瘤的临床试验。

硼中子俘获疗法（BNCT）是一种特殊的靶向化疗疗法。用这种技术，硼可以在中子束照射后发射出带电粒子，然后被送到肿瘤细胞。将稳定核素硼-10 标记化合物静脉注射到病人体内，这种化合物可以选择性地与肿瘤细胞结合。每克肿瘤大约需要 30 μg 的硼-10。反应堆或加速器产生的超热中子（1 eV～10 keV）在慢化剂中减速后可用于照射肿瘤。在达到热能（0.025 eV）后，中子与硼-10 发生反应，产生 α 粒子和锂-7。这些粒子的能量沉积在距离反应点不到 10 μm 的范围内。这种方法可以用来治疗大脑中的胶质母细胞瘤。

意大利的一个研究小组对两例肝转移患者进行了 BNCT 的临床手术。手术过程包括：将硼-10 化合物注射到患者体内，然后手术切除肝脏，再用反应堆的热中子从外部照射肝脏，照射完毕后再重新植入肝脏。两例肝转移患者，其中一名患者术后不久死亡，另一名患者正常存活了 44 个月。

| 追踪毒素

在生物医学领域，人们把放射性核素与特定分子相结合作为示踪剂使用。放射性标记一般使用短寿命的放射性同位素来实现，这样的衰变时间是比较合理的。但是第三章讨论的加速器质谱技术的发展，使得长寿命放射性核素的应用成为可能。AMS可以用放射性碳元素对数千年前的尸体进行高精度的年代测定，这一技术为考古学带来了革命性的变化。如今，AMS在生物医学领域也产生了独特的影响，它可以测量活人或老鼠体内的放射性碳元素的含量。

由于AMS不需要等到放射性同位素衰变后再进行分析，因此分析速度更快，放射性也更少，组织受到的辐射剂量也减少了。利用"现代的"碳-14同位素浓度（碳-14与碳-12的比率约为10^{-12}，即万亿分之一），AMS在1分钟内可以输出大约10 000个放射性碳离子。利用生物医学领域的其他长寿命放射性核素，如铝-26和钙-41，AMS的效率会更高。

劳伦斯利弗莫尔国家实验室的AMS，研究了DNA加合物与DNA双螺旋结构结合的致癌分子及致癌剂量三者之间的关系。在一项实验中，老鼠被喂食了剂量极低的放射性碳元素标记的致癌物（PhIP），这种致癌物质在熟肉中产生的比率为十亿分之一。先前用传统技术对老鼠进行研究，可检测剂量的下限为相当于 1 亿个汉堡包中的 PhIP 含量，而 AMS 却可以检测到相当于 1 个汉堡包中的 PhIP 含量。显然，低剂量和高剂量不同条件下的去除率有重要差异。更重要的是，AMS 能够检测出到达单个器官的微量 PhIP，并可以将其减少量量化为给药后的时间函数。

　　有了这些方法，从皮摩尔到毫摩尔（$10^{-12} \sim 10^{-3}$ mol）的微量药物、营养物质和环境毒素都可以被引入体内（图18）。标记待研究物体的一小部分，分离和提纯后，相当于从仄摩尔到飞摩尔（$10^{-21} \sim 10^{-15}$ mol）的量。1 mol 的原子或分子数量相当于 12 g 纯碳-12 中的原子数量。

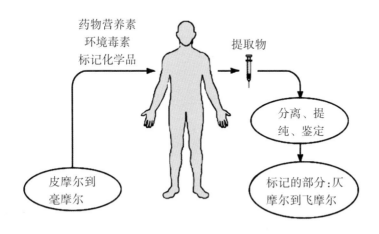

图18　放射性示踪剂方法包括：将带有放射性核素标记分子的物质引入人体，然后测量示踪剂在人体特定器官或部位的积累情况

一些实验旨在研究人体胃肠道和静脉对铝离子的吸收和代谢。实验中，六名志愿者喝下 100 mL 橙汁，连同摄入 100 ng（纳克，相当于 70 Bq）的铝-26。随后，志愿者体内 80% 的铝在 10 天内就被排出，其余量则在之后被缓慢排出。1000 天后，志愿者体内铝的剂量只剩下了最初剂量的 10^{-6}，即百万分之一。

澳大利亚悉尼的一个研究小组，利用铝-26 测量了老鼠大脑从饮用水中吸收铝的情况，量化了铝进入血液和穿过血脑屏障所需的时间。这项研究的目的是研究铝与阿尔茨海默病的关系，并评估使用铝化合物处理饮用水的风险。研究表明，微量的铝-26 从老鼠首次接触就直接进入它们的脑组织。因此，人类大脑如果长时间从经铝制品装置处理过的饮用水中吸收铝，可能会对一部分人的健康造成长期影响。

钙的代谢是研究的焦点，旨在了解如骨质疏松等骨骼疾病。通过肠道从食物中吸收钙的效率约为 30%。骨质增生和吸收不平衡会导致骨质疏松症。在过去，短寿命的放射性同位素钙-47（$T_{1/2}$ = 4.5 d）和钙-45（$T_{1/2}$ = 163 d）被用作示踪剂。然而，要研究骨质疏松症的长期影响就不能使用这些钙放射性核素，因为它们的半衰期很短。在长期研究中，钙-41（$T_{1/2}$ = 104 000 a）是一个可行的替代选择，但只有在 AMS 检测中才能实现应用。

1990 年，在一项对绝经妇女的骨吸收的研究中，一名志愿者摄入了 125 ng（320 Bq）的钙-41。钙-41 的年摄入量限制为 1 亿 Bq。在 2.4 mSv/a 的自然放射背景下，50 年的辐射剂量负担仅为 0.42 mSv。AMS 分析只需要 1 mL 尿液，且在不到一小时的时间内就可以完成。在一项长期可行性试验研究中，从女性绝经前到更年期的 6 年时间里，研究人员测量了尿液中的钙-41，同时测量了骨密度。这种方法还在试验阶段，旨在跟踪饮食和激素水平对女性一生中骨吸收的影响。目前，还没有得到具有生物医学意义的结果。

| 测定细胞年龄

　　20 世纪 50 年代和 60 年代的大气层核武器试验，向环境中注入了大量的放射性碳。1963 年 4 月，在北半球，碳-14 浓度比核时代前高出了一倍。1963 年《禁止核试验条约》签署后，由于碳在生物圈和海洋间的交换，放射性碳的浓度以 15 年的半衰期持续下降。几年后，环境中的放射性碳恢复到核时代之前的水平。通过测量大气、树木年轮、沉积物和冰芯中的碳-14 的记录，可以确定这种"炸弹脉冲"的特征。这种影响在南半球有所减弱。

　　科学家们利用放射性碳"炸弹脉冲"的特性，以年或者几十年为单位来测量 20 世纪 50 年代后，存活的生物的细胞更替率。细胞中的染色体含有来自环境的碳-14，活细胞中的碳–14浓度与细胞形成时大气中的碳–14水平相对应。细胞在最后一次有丝分裂后，保持稳定的基因组DNA被用于AMS放射性碳分析。

通过碳–14"炸弹峰值"测定脑细胞年龄的结果表明（图19），人类大脑皮层生成后不再产生神经元，而大脑皮层是语言和智力的载体。这一结论在该方法的检测范围内是有效的。该方法基于对从1500万个细胞中提取的DNA进行分析，获得的30 μg碳用于AMS测量，精度可达到1%。这种方法有可能绘制出整个人体的细胞更新图，并回答关于关键器官对衰老反应的问题。

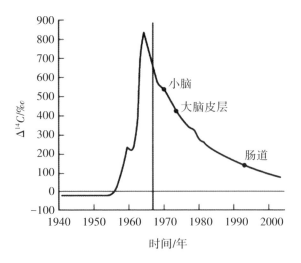

图示为1967年前后出生的人的大脑和肠道基因组DNA中的放射性碳水平（相对于一个通用标准——每毫升）

图19　用碳炸弹产生的放射性碳脉冲测定人体细胞的年龄

同时，海马体神经发生障碍、阿尔茨海默症、晶状体细胞转换、白内障、心脏纤维化物质的形成以及心脏功能丧失等疾病的起因也可以得到确认。

第五章

放射性设备和仪表

《红黄蓝的构成 II》是几何抽象画派的先驱荷兰画家
皮特·科内利斯·蒙德里安的作品。

工业用途和家庭用途

六十多年来，工业界一直在使用放射性示踪剂和一些基于放射性原理工作的设备来解决无数的问题。放射性核素示踪剂的工作原理是模仿它所追踪的物质，这样它就能用来追踪一些物质的化学反应和物理过程。例如，^{3}HHO 被用来追踪水，还有 $^{14}CO_2$ 被用于追踪二氧化碳。放射性示踪剂的使用方法是，在要研究的流动系统的入口处注入示踪剂，然后在不同时间对出口处的浓度进行测量。密封的放射源被用于测量消费品和材料加工的一些参数，例如厚度、水分和其他参数等。

放射性和基于辐射的技术在采矿、石油、能源、化工、造纸、水泥和电子以及汽车和航空航天领域都有应用。

在石油工业中，人们逐渐把先进的、跨学科的方法广泛应用于研究石油储藏。石油二次开采数量日益减少的困境，迫使人们去寻找一切可利用的工具，放射性示踪剂就是首选。由于不同的液体在异质多孔材料中流动，所以储层是一个非常复杂的系统。因此，为描述其特征而开发的分析模型，需要通过直接测量关键参数（如流速）来验证。

另一个特殊的放射性示踪剂应用，与固体废物焚烧炉向环境排放金属有关。在这个过程中，固体废物焚烧炉产生的灰烬含有大量会对环境产生危害的铜和锌。γ射线发射体铜-64和锌-69（m）已被用于在试验工厂研究铜和锌的蒸发，帮助确定工厂的运行参数，以尽量减少污染物的排放。

受到流体流动的影响，污水处理的过程非常复杂。流程的优化通常是通过放射性示踪剂来进行的。将小浓度的溴-82或锝-99（m）注入废水流中，有助于估计工艺的重要参数，由此来提高废物清除效率。

用来研究具有多相流动系统的三维放射性示踪剂成像也正在开发中。目前，正在考虑应用SPECT和其他用于医学的技术，但高额费用限制了它们的常规应用。

基于密封辐射源的设备被用来监测和控制纸张、金属和塑料薄膜的厚度。目标材料被置于放射源（通常是一个β源）和一个连续测量粒子流的探测器之间移动。铊-204（$T_{1/2}$=3.77 a）在造纸业中被普遍使用。它发射的β粒子的能量相对较高（764 keV）。薄纸片厚度的变化会改变粒子的数量，从而改变来自探测器的电子信号的振幅。一台计算机被用于监控探测器，和自动调整压力与流水线滚筒之间的距离。这种方法的优点是维护成本低，而且是非侵入性的。

使用中子源的测量设备可用于测量土壤的含水量。中子与轻元素（如水中的氢）的反应非常强烈，它们在土壤中的流量与土壤的湿度有关。这种测量设备也被用于道路建设中，通常被用来测量道路表面的密度。医学上，常规使用的方法，如X射线照相术和CAT，越来越多地被用于工业应用，特别是被用于容器、管道和墙壁的非破坏性测试，以确定焊缝和其他关键部分结构是否有缺陷。有时也会使用γ源，如铱-192、硒-75和镱-169。中子射线照相术在大型金属部件（如飞机的涡轮叶片）的射线照相中找到了新的应用，它可以补充用其他方法获得的信息。例如，高能量的X射线，可以穿透厚的部件，但对较薄的部件则对比度非常差，中子射线可以弥补此缺点。

由于计算机性能、中子数字成像和中子产生方面的进展，中子断层扫描也在发展之中，但目前的高成本阻碍了其商业规模的扩大。

同时，电离辐射，通常是γ射线，被用来对消费产品或医疗产品进行消毒。正如我们在第三章中提到的，食品辐照是另一种应用。通常使用钴-60源，来破坏细菌和杀死寄生虫，延长许多产品的保质期。

许多现代产品的制造都用到了电离辐射。不粘锅利用辐照使涂层与锅底相结合。用γ射线对接触皮肤和头发的化妆品以及隐形眼镜的溶液进行消毒，可以消除过敏原和刺激物。钻石和紫水晶等贵重宝石，被加速器或反应堆辐照后可以改变颜色。

和放射性有关的消费产品无处不在。复印机使用小型辐射源来消除静电，烟雾探测器通常使用α发射体，如镅-241（通常为33 300 Bq）。烟雾探测器中有一个小型电离室持续检测α粒子，如果辐射源和检测器之间有烟雾，那么检测器信号的振幅会降低，从而触发警报。

在20世纪最初的几十年里，基于放射性的产品大量涌现，但并不都是有用的应用。根据放射性物质可以发光的特性，新泽西州的镭公司开发了一项大业务。他们将由镭、水和胶水的混合物制成的油漆，涂在手表或其他需要在黑暗中看清的仪器表盘上。其中一个特殊的应用就是，在第一次世界大战期间，将放射性涂料用于飞机仪器的表盘。许多从事这项工作的年轻女性因舔舐了带有放射性涂料的刷子而死亡。①

98

在那个黄金时代，许多放射性产品出现在市场上时，天真的公众相信放射性不仅可以释放出无限的能量，而且还具有治疗和美容的功效（图20）。镭补（Radithor）在当时就是一种著名的补品，它是由美国威廉·贝利镭实验室（William Bailey Radium Laboratories）生产的含镭蒸馏水制成。贝利还出售"镭卡片"（Radiendocrinator），这是一种由浸渍了镭的纸制成的工具，晚上放在阴囊下以增强男子的阳刚之气。丰富了镭和其他放射性核素"益处"的产品还有法国的Tho-Radia面霜、Doramad牙膏以及第二次世界大

---

① 译者注：为了能够精确涂抹镭涂料，必须保持画笔的尖端聚拢，这些女孩们的做法就是用嘴含一含，这让她们每天都会进食不少镭金属。此外，部分女孩将这种涂料看作是发光的口红、指甲油等化妆品而偷偷涂在自己身上。

科学美容　　　　治疗性美容

THO-RADIA

根据阿尔弗雷德·居里博士的配方,以钍和镭为
原料,仅在药剂师处销售

图20　20世纪30年代,一种据说有治疗和
美容效果的含有钍和镭的美容霜在法国开始流行

战期间在德国销售的镭巧克力。美国科罗拉多州丹佛市的
家庭产品公司出售"生命镭"(Vita Radium)栓剂。来自约
阿希姆斯塔尔矿井的镭水被波西米亚的希普曼-布莱克面包
店用来制作面包。约阿希姆斯塔尔的镭化疗
(Radiumchema)公司制造了一种镭源,意在将氡直接加入
饮用水杯中,以便在头痛时服用。20世纪50年代初,美国
销售的原子能实验室玩具也含有少量的放射性。

　　近几十年来,随着保护人类及环境措施的加强,人们
对放射性的热情结束了,所有非必要的具有辐射的消费品
都被清除出市场。

探索太空

在太空探索中，放射性核素仪器被用来推动航天器，并产生热量和电力，尤其是在温度为-270 ℃左右几乎是绝对零度的深空。

钚-238的放射性同位素加热器单元（RHU）已经被开发出来，每个重量小于50 g，尺寸为2～3 cm。放射性核素发射的α粒子停留在陶瓷材料中产生热量。每个单元的功率只有1 W，因此必须使用许多单元才可行。RHU被用于航天器，以保证仪器在没有太阳能的情况下也能提供足够的温度来运行。

电力对于用于飞行控制和数据传输的众多计算机化仪器来说是必不可少的。越来越多的分析系统被装入航天器，用于在其他行星上进行现场分析，包括基于放射性装置的小型分析系统和厘米大小的光谱仪（其中一个将被送往木星的冰冷卫星——木卫二，用于现场分析硫同位素，以寻找生命的特征）。放射性同位素热发电机（RTG）是提供航天器所需电力的首选设备，特别是当卫星离太阳很远时。

RTG 使用的放射性核素是钚-238。但在这种情况下，热量通过塞贝克效应（Seebeck effect）被转化为电力，其中温度梯度被转化为电压差。封装的几个 RTG 组不需要可移动的部件便可以产生几十千瓦的电力。这些系统已被用于阿波罗号（Apollo）、旅行者号（Voyager）、先锋号（Pioneer）、伽利略号（Galileo）和尤利西斯号（Ulysses）的任务中。伽利略号在其八年的木星之旅中，使用了 120 个放射性同位素加热器单元和 2 个放射性同位素热电发生器。"好奇号"（Curiosity）是美国宇航局派往火星的漫游车。它配备的先进科学仪器重达 900 kg。这辆配置高端的漫游车使用以钚-238 放射性衰变为燃料的 RTG 来探索这个红色星球。

｜探寻过去

用中子活化、质子和 X 射线诱导荧光以及其他核技术分析痕量元素，可以揭示黑曜石工具、陶器、大理石制品等考古文物的材料来源。

中子活化分析技术是由乔治·德·赫维西在 1936 年发明的，该技术基于检测样品暴露在中子源下引起的放射性。可以通过放出 γ 射线来呈现元素的表征。在荧光法中，质子或X射线将内壳层电子从原子中击出，然后更多的外壳层电子衰变到较低的能级，并发射出特征性的X射线，从而显示出相应的元素。

这些方法通常是无损的，因此符合考古学家和博物馆馆长的基本要求之一。

位于佛罗伦萨和巴黎卢浮宫的核物理实验室致力于用此方法分析绘画材料和其他文化遗产材料。

在卢浮宫，核技术被用来揭示德国画家阿尔布雷特·丢勒（Albrecht Dürer）1521年的艺术书籍。质子诱导荧光检测到的痕量元素可以揭示其创作的起源，包括所用材料的来源和作品的创作时间。

在佛罗伦萨，科学家们对古代手稿进行了分析，根据铜、锌和铅的含量提取了墨水的信息。除此之外，他们还能够确定伽利略·伽利莱（Galileo Galilei）发现运动定律笔记的日期。因为这位伟大的意大利科学家在没有日期的对开纸上写作，所以这种分析方法是行之有效的。

用来确定人类过去关键转折点的绝对年代测定方法，是基于与自然放射性有关的时间效应。由于次级宇宙射线对岩石的轰击，现场产生的长寿命放射性核素，如 ^{10}Be 和 ^{26}Al 等，被用来测定岩石表面和人工制品的日期。热发光（TL）、光释光（OSL）、电子自旋共振（ESR）和裂变径迹测年（FT）都是利用了特定晶体的辐射效应的累积。最后，原始放射性核素的放射性子产物的累积，构成了钾-氩、氩-氩和铀系测年的基础。

碳-14是考古学和环境科学中最广泛使用的"计时器"。美国物理化学家和曼哈顿项目老兵威拉德·利比（Willard Libby），在1946年开发了放射性碳测年法，并因他"使用碳-14测定年龄的方法在考古学、地质学、地球物理学和其他科学分支中的应用"而获得诺贝尔奖。利比首先在芝加哥污水中的甲烷中发现了这种罕见的放射性核素，然后他将自己在"武器计划"中使用的同位素富集技术应用于他的放射性碳测年研究。

碳-14是宇宙中子与氮在平流层中的核反应产生的：

$$n + {}_{7}^{14}N_7 \rightarrow {}_{6}^{14}C_8 + {}_{1}^{1}H_0$$

然后，放射性核素被氧化，并与大气中稳定的二氧化碳混合。后者与生物圈保持平衡。植物和动物通过光合作用和新陈代谢过程从大气中吸收碳。它们的碳同位素比率与大气中的比率接近。当二氧化碳被光合作用吸收，并固定在有机化合物中时，它从大气中被隔离出来。碳的稳定同位素——碳-12和碳-13，会一直保持原有浓度，而碳-14则通过以下这一过程衰变，得不到补充。

$$_{6}^{14}C_8 \rightarrow {}_{7}^{14}N_7 + e^- + v^-$$

利比通过用电离室测量碳-14的残留活性来评估一个有机样品的年龄。由于碳-14的放射性非常弱，所以次级宇宙射线的干扰会使测量更加复杂。利比和他的合作者一起建造了一个复杂的系统，当次级μ子到达检测器时，中央测量室关闭。这大大增加了该系统的灵敏度。

放射性碳测年法的下一次革命是 AMS 直接原子计数的发展，这在第三章已经介绍过了。在现代 AMS 谱仪中，可以在不到一小时的时间内对几微克碳的样本进行分析。1 mg 的碳样本可以测得超过 5 万年的有机材料的年龄。

放射性碳测年法彻底改变了考古学，为第四纪晚期的地质年表给出了一个精确和直接的测量。由于以前只能通过与近东（Near east）的历史年表的关联性来确定日期，所以它彻底改变了人们对欧洲史前史的理解。放射性碳素揭示的其他考古学之谜包括，都灵裹尸布的年龄，迈锡尼文明的终结，冰人、尼安德特人的灭绝和人类抵达澳大利亚的时间。我们将在第八章进一步讨论这些话题。

第四章中讨论的放射性碳"炸弹脉冲"，为过去 60 年中有机材料的高精度测年提供了另一种方法。它所提供的年代信息的误差小于一年。在法医科学中，放射性碳已被应用于评估个人死亡的时间。最适合的材料是那些具有快速的碳周转时间的材料，如来自骨头、骨髓和头发的脂质。

碳-14"炸弹脉冲"也被用于测定罂粟、古柯树和其他非法药物。这些信息将支持执法当局对参与毒品贩运的犯罪组织采取行动。除此之外，还可以用碳-14 来准确地确定葡萄酒的年份，并揭示天然或合成的无关材料的添加情况（图 21）。

图21 澳大利亚葡萄酒中的放射性碳含量（点，与通用标准有关，单位：百万分之一）与"核时代"南半球大气中的放射性碳浓度（曲线）的比较

第六章

对放射性的恐惧

《呐喊》是挪威表现主义画家爱德华·蒙克
于 1893 年创作的绘画作品。

2007 年，在里约热内卢举行的第十五届泛美运动会的检查站，安检人员的腰带上挂着一种神秘的装置——个人辐射探测器。这些高度敏感的辐射监测仪被作为防御辐射的第一道防线。第二道防线是一个更复杂的装置——放射性核素识别仪。这种仪器必须由辐射防护专家操作，他们精通放射性、同位素、γ射线光谱和锗探测器。当个人辐射探测器上的警报响起时，触发警报的个人会在国家安全部队的护送下，接受放射性核素识别仪的扫描。以下任何一种情况如果得到核实，随后调查将转移到第三道防线。

（a）携带非医疗用途的放射性核素；

（b）放射性核素识别仪探测到中子的存在，这是核材料的标志；

（c）接收到的辐射剂量率大于 100 mSv/h（这一限制是由国家核管理局规定的）。

相关人员以及他们的汽车或放射性容器将被隔离，由辐射检测和防护专家、环境评估专家以及内部和外部剂量测定专家组成的现场反应小组将对他们进行进一步调查。

小组内配备了分析γ射线、α粒子、中子和其他电离辐射的设备。

为了防止涉及放射性材料的犯罪行为，政府还设置了其他设备。使用车载γ射线测绘设备对场馆周围的所有开放区域进行勘测。一组分析人员背着能够识别放射性核素的γ和中子探测设备，以及全球定位系统，对足球场进行勘测。在运动会开始前，工作人员会对所有场馆都进行检测，测量自然辐射水平的变化，确定选定地点的基线辐射水平等。例如，混凝土的基线辐射水平要比其他建筑材料高得多。

里约热内卢地区拥有巴西大部分的核设施：两座核电站、一座铀浓缩设施、四个核研究反应堆和六个核研究机构。它还拥有全国用于医药、工业研究的70%的密封辐射源。政府要求加强这些设施的安全，防止这些放射性核材料被恐怖分子所用。接受核医学治疗的患者被建议随身携带一份证明，以说明他们用到的放射性核素及其核活性。

在运动会期间，个人辐射探测器的警报被激活了42次，其中40次是由最近接受过核医学检查的患者触发的，2次是由假警报触发的。现场反应小组只处理了3次，但就公共威胁而言，最终所有的警报都定性为假警报。

在IAEA的帮助下，一些大型公共活动也建立了类似的安全系统，包括2008年中国举办的奥运会和2010年的南非世界杯足球赛。打击放射性恐怖主义是国家安全部队处置有大量人群活动的现行惯例。皮埃尔·居里在诺贝尔奖颁奖典礼上早有先见之明地提到了放射性的危害。在放射性被发现的一个多世纪后，它仍然会引起人们的恐惧和怀疑。

核困境

1945 年 8 月 6 日上午 8 点 15 分，代号为"小男孩"（Little Boy）的核弹被投在广岛，这预示着核时代的开始。铀-235 核弹的威力相当于 2 万 t TNT，爆炸在当时夺去了 7 万人的生命，五年内又有 7 万人死于辐射的影响。三天后，代号"胖子"（Fat Man）的钚炸弹在长崎爆炸，造成了同样数量的人口死亡。这一事件发生的一个月前，在新墨西哥州阿拉莫戈多进行的核爆炸首次成功时，曼哈顿计划的负责人罗伯特·奥本海默（Robert Oppenheimer）说："我已经成为死神，世界的毁灭者。"在广岛和长崎发生爆炸后，他承认"物理学家们已经知道自己的罪过，这是他们不能失去的良知"。

从那时起，广岛和长崎的蘑菇云给任何与放射性有关的人类活动蒙上了一层阴影。

战后，很多国家开始发展核能力。苏联在 1949 年试验了第一枚钚弹，在 1953 年试验了第一枚氢弹。1952 年的英国、1960 年的法国、1964 年的中国、1974 年的印度，以及后来的其他国家也很快加入了这个非正式的"核俱乐部"。

与此同时，社会其他部门正在发展民用核科学，这很可能将深刻地改变我们的生活。

1954年，美国原子能委员会首任主席刘易斯·施特劳斯（Lewis Strauss）在向美国科学作家协会发表演讲时说，"我们的孩子将在家里享受价格低廉、无法计量的电能"。人们对核能将为我们的家庭、工业甚至汽车提供动力寄予厚望。

核时代的美国漫画书反映了放射性的两面性。在虚构的超级英雄世界里，辐射可能是有害的，也可能是有益的。一方面，氪石辐射可以杀死超人。但另一方面，蜘蛛侠可以获得超能力是因为被放射性蜘蛛咬了一口；γ射线把布鲁斯·班纳（Bruce Banner）变成了怪兽绿巨人（Hulk）；神奇四侠暴露在太空中受宇宙辐射后获得了超能力。漫画作家们似乎比居里夫人更痴迷于放射性！

尽管核科学和技术没有满足人们的所有期望，但战后几年，人们确实看到了核应用在许多不同领域的发展，包括工业、医学和农业。在IAEA成立50周年之际，该机构的助理总干事戴维·沃勒（David Waller）说，"现在最紧要的问题是如何进一步发展和促进核技术的和平应用，同时防止核武器技术的扩散"。不论是过去还是现在，这都是关于核的两难问题。

这种态度从一开始就很明确。1953年，美国总统德怀特·艾森豪威尔（Dwight Eisenhower）向联合国提出了一项名为"原子促进和平"（Atoms for Peace）的计划，并推动了IAEA的成立。IAEA的两个使命是在遏制军备竞赛的同时，促进具有高度社会经济意义的核应用。

在多年的外交谈判中，国际社会建立了一个新的法律框架来限制核武器的发展。1970 年签署了《不扩散核武器条约》（Treaty on the Non-Proliferation of Nuclear Weapons，简称 NPT，又称《核不扩散条约》）。这项条约指出，各国可以发展和平用途的核设施，但必须停止制造核武器。当时拥有核武器的国家——美国、苏联、中国、法国和英国的主要目标是维持现状，将核武器限制在小范围内，不进行"无核化"（denuclearization）尝试。NPT 只取得了部分成功，"核俱乐部"也随之扩大。印度、巴基斯坦、以色列没有签署《不扩散核武器条约》。朝鲜在 2003 年签署了该条约，但后来又退出了条约。利比亚和伊拉克等其他部分国家尽管签署了 NPT，但仍考虑过发展核武器，最终他们做出了不同的决定。关于伊朗核计划的讨论仍在继续。南非是唯一一个在种族隔离政策接近结束时，自愿放弃其在 1960 年至 1980 年期间组装的六种核武器的国家。

在 1960 年初至 1990 年初期间，IAEA 执行的国际安全保障体系（the International safeguards system），是为了保证核材料不会从已申报的核活动中转移。这些传统的保护方法是以核计量控制为主，辅以遏制和监视技术。自 1990 年初以来，IAEA 一直在努力加强国际保障制度，使其有能力核查未申报的核材料和核活动。IAEA 发挥了一名侦探的作用，他的任务是核查那些遵守保障协定的国家所作声明的正确性和完整性。

作为安全保障体系的一部分，IAEA 会实施环境抽样和分析以监测核活动。核武器需要高浓缩铀（或钚），因此铀同位素比值异常是铀浓缩最明显的标志，为生产钚，对辐照反应堆燃料进行再处理时，会产生裂变产物和锕系同位素，其会释放到周围环境中。用 AMS 在环境样本中检测碘-129 和铀-236 等放射性核素的剂量都是识别秘密核活动的关键手段。

核监管机构的新工具

核反应堆中，铀和钚核素裂变产生的富中子碎片会不断释放反中微子。燃料棒包含铀-238 和铀-235，后者是现有反应堆中的主要裂变核素。一部分铀-238 核素吸收中子，然后衰变为钚-239，钚-239 也会裂变，产生反中微子。

产生于反应堆的反中微子在 50 年前首次被发现。后来有人建议，可把反中微子用于核安全保障，用其探测从核电站秘密转为核武器项目的核材料。IAEA 采取该方法遏制和监视核武器的做法耗时耗力，不过，将这种方法用于在反应堆运行时直接测量核物质的存量会更加有效。

反中微子计数率与反应堆热功率成正比，并与反应堆燃料成分相关。第一种关联是由反中微子计数率与铀-235裂变率的比例关系推导出来的。第二个关联是来源于铀 235和钚-239 不同的反中微子能谱。铀-235 和钚-239 每次裂变释放的平均反中微子数，分别为1.92和1.45。在反应堆燃料循环过程中，随着铀-235的减少和钚-239的增加，反中微子的检出率以已知的速度下降，在反应堆重新注入纯净的铀后，反中微子检出率再次上升到原来的水平。

美国桑迪亚国家实验室（Sandia National Laboratory）和劳伦斯利弗莫尔国家实验室正在测试一种反中微子探测器，它是一种掺有钆的液体闪烁体。

反中微子与闪烁体中的质子碰撞会产生一个正电子和一个中子。正电子立即在闪烁体中产生闪光，然后湮灭一个电子，产生两个 γ 光子，继而产生闪光。在 3×10^{-6} s（三百万分之一秒）的延迟之后，中子被钆核俘获，产生更多的 γ 射线，而这些射线反过来又在闪烁体中产生其他闪光。这些闪光变成电信号被储存在计算机中，用以后期的分析。该电信号序列，可用于输出在与探测器相互作用的裂变材料中相对罕见的反中微子，并区分与其他粒子和辐射产生的背景噪声。

该探测器位于压水反应堆25 m远的地方，每天可探测400个反中微子，并且以极高精度来跟踪反应堆的运行历史，包括紧急停堆和换料，还可以检查裂变材料的库存。

核恐怖

在过去的20年里，新的政治格局形成，种族和宗教的紧张局势加剧了全球的社会经济问题，引发了几个热点地区的冲突。这种恐惧是在20世纪90年代主要核大国之一的苏联解体后，随着警戒的加强而产生的。2001年，纽约双子塔（the Twin Towers）遇袭，随后核恐怖主义和"脏弹"（dirty bombs）的幽灵激化了公众对核活动的反对。IAEA必须紧急制定一套强有力的安全方案，保护核材料和设施免受潜在的恐怖主义袭击，并防止有人恶意使用放射性物质。

IAEA考虑了四种核恐怖主义的情景：偷窃和引爆现有核武器；盗窃或购买核裂变材料制造和引爆简易核装置；攻击核设施，使放射性物质泄漏；非法获取放射性材料以制造放射性散布装置（radiological dispersal device）或辐射发射装置（radiation emission device）。

建造一个核装置需要相当雄厚的基础设施、专业知识和资金。人们普遍认为，恐怖分子获得核材料和技术资料的最可能的方法是通过现有的国有设施。因此，核材料的扩散，特别是在过去20年里，引起了国际社会的担忧，因为这种材料落入坏人之手的概率在增加。

116

恐怖分子袭击核设施会污染环境，且会使公众暴露在辐射之下。所有的国家，无论如何都要确保这些设施有严格的安全保障，尤其是核电厂。

恐怖分子可能使用的核材料和放射性材料的潜在来源是什么？有多少核设施可能是他们的目标？

医院用于远距离放射疗法的钴-60（$T_{1/2}$ = 5.3 a）和铯-137源有1万多个，强度为数万吉贝克勒尔（1 GBq= 10^9 Bq），其中大多数在发展中国家。世界上总共有10万多个这样的用于医疗和工业的放射源，这些放射源被IAEA归类为非常危险的放射源。世界上还有100多万个较弱的放射源。除此之外，我们还应加上25 000多枚核武器，约3000 t的高浓缩铀和钚，以及1000多个动力反应堆、研究反应堆以及核材料加工和储存的核中心。

由于放射性核素在医学、工业和科学领域的广泛使用，放射性扩散装置或辐射发射装置，是更有可能成为罪犯和恐怖分子利用的潜在武器。

放射性扩散装置中的放射性物质可以使用常规炸药扩散。如果在城市中引爆这种装置，大规模的破坏会致使受影响地区的人员不得不撤离，并且清理工作漫长而昂贵。

每个辐射发射装置都有一个辐射源。如果将该辐射源放在某个位置，可以在很长一段时间内对目标进行辐射而不被发现。

虽然使用扩散或发射装置不太可能立刻杀死很多人，但它们会造成严重的破坏后果，因此被称为"大规模杀伤性武器"。

保护核材料和其他放射性材料是国际社会的主要关注点。全世界为实物保护和核算系统现代化作出了很大的努力。各发达国家和国际组织也一直在向发展中国家提供技术和财政支持。八国集团（指八大工业国，包括美国、英国、法国、德国、日本、意大利、加拿大和俄罗斯）支持曾经的苏联成员国管理和保护它们的放射性材料。使用锶-90（$T_{1/2}=28.8$ a）电源的 RTG 在苏联时期被大量使用，为偏远地区提供了电力和热量，特别是在军用电站。一个典型的放射源会发出相当于数百万吉贝克勒尔的 β 射线，提供几千瓦的热能，且还能转化为电能。数以百计的核电池被用来为西伯利亚海岸的灯塔供电。一些核电池仍在运行，不过，它们正在被太阳能或风能系统取代。

118

过去，在 2001 年世界贸易中心遭受恐怖袭击之前，针对非裂变放射性材料的安全措施，主要集中在防止意外接触或偷盗。很少有国家认真考虑过放射性的恐怖主义威胁，也缺乏对系统的必要监管。现在，许多国家开始着手解决这一问题。但世界各地仍有数千个未统计的放射源，这些未被统计的放射源在官方的监管之外运行或被隐藏起来。它们可能已经遗失、被丢弃或被盗，因此，很可能会成为恐怖分子的潜在武器。

IAEA 提升了核法证学实验室，专门分析被海关和其他组织查获的走私放射性材料，以获得有关该材料来源的线索。诸如 AMS 之类的敏感技术，可用来测定诸如钚和铀这类核材料在极低浓度下的同位素比率。这个比率是有关核材料过去历史的敏感指标。尤其是同位素铀-236 被用于重建铀样品的辐照历史。

幸运的是，放射性也有好的一面。事实上，它在阐明包括我们自己在内的宇宙和地球生命的起源方面发挥着作用。物理学家已经与其他学科的学者合作，深入参与了一些非常广泛的研究。

第七章

追溯地球的起源和演化

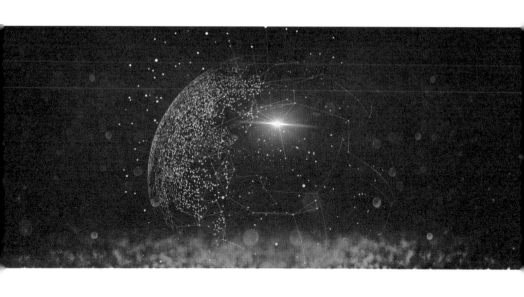

《星月夜》（The Starry Night）是荷兰后印象派画家文森特·梵高于1889年创作的一幅油画。

　　瑞士的X射线源比伦琴用于照射他妻子的手使用的光源强数百万倍，其已被用于拍摄一种更古老的生命形式——一种生活在21亿年前的加蓬东南部的多细胞生物。

　　古生物学家通过使用一种结合了闪烁体和CCD相机的先进探测器，从不同的角度拍摄了数千张数字X射线照片，从而分析出这些地质构造的几厘米大小的化石结构。这些强大的X射线是由在高真空下以接近光速旋转的电子产生的，这些电子处于一个周长为288 m的甜甜圈状储存环中——这是瑞士保罗谢尔研究所同步加速器辐射设施的核心。当电子的轨道被磁场偏转时，就会产生同步辐射，这一效应在1947年被人们所知。由单色仪筛选出的符合所需能量的X射线能够穿透样品，最后被闪烁体探测到，人们再将其转换成可见光。这些投影图像用光学显微镜放大并数字化。强大的算法可以重建显微断层扫描，显示出样品详细的三维形态细节，其分辨率比医院的CT扫描分辨率要高数千倍。分析结果表明，岩石中保存的化石是生活在25亿～16亿年前的古元古代的多细胞生物。

123

含有这些微小生物的非洲岩石的年代是通过铀放射性来确定的。铀以少量的浓度存在于岩石凝固时形成的微观锆石晶体中。铀-238通过一系列的放射步骤衰变，最后形成稳定的核素铅-206。在现代分析系统中，铅-206是用离子显微探针来进行高精度测量的。一束带电粒子在锆石颗粒上轰击出微米大小的洞，炸出锆石的原子。这些原子被送到质谱仪，质谱仪根据它们的质量对其进行分类，并计算出铅-206原子的浓度。铀-238和铅-206的相对浓度则揭示了样品的年代。

探寻多细胞生命的起源是理解进化的关键。在达尔文去世仅几年后就发现了X射线和放射性，而在加蓬的古老黑色页岩中，伦琴和居里夫人终于"遇见"了达尔文。150年后，X射线和放射性构成了探测仪器的基础，为达尔文的理论提供了重要的信息支撑。

以下是在追溯地球起源以来的历史中，一些关键篇章的概述，放射性和辐射在其中发挥了重要作用。

| 创世纪

大约 137.2 亿年前，在大爆炸后的 10^{-12} s（一万亿分之一秒），随着温度飙升至 1 万亿 K，宇宙变为夸克、电子、中微子和其他基本粒子（以及相应的反粒子）的均匀混合物。现在，高能加速器能够通过将电子、质子或其他离子束加速到接近光速，碰撞来产生这些粒子。目前，CERN 的 LHC 以 7 TeV（万亿电子伏）的能量（质心能量）使质子对撞。未来，LHC 最终能以 14 TeV 的能量使它们进行对撞，在实验室中重现大爆炸后的宇宙状态（图 22）。

大爆炸后约 1 μs～1 s 内，第一批分离出来的中子和质子，即所有核素的组成部分，在 1 万亿 K 高温下，由反夸克湮灭后幸存的夸克形成。

大爆炸后大约 3 min，温度降至 10 亿 K，膨胀的宇宙开始变成一个核聚变反应堆，形成氕、氘、氦和其他轻核素（即所谓的"大爆炸核合成"，Big Bang nucleosynthesis）。

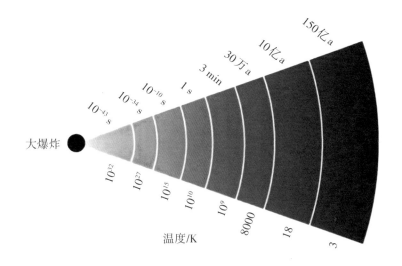

图22 宇宙的历史

　　宇宙继续膨胀和冷却，核聚变反应在大爆炸后 20 min 左右停止，温度降为约 3 亿 K。在这个阶段中，宇宙的组成，在不考虑暗物质的情况下，大约为 75% 的氢-1、25% 的氦-4、0.01% 的氢-2，还有一些痕量的氦-3、锂-6、锂-7、铍-9、硼-10 和硼-11。放射性核素如氢-3、铍-7 和铍-10 最初也存在，但到目前为止都已衰变消失。

　　大爆炸后约 37.7 万年，当温度降至 3000 K 以下时，电磁力开始将电子与现有的原子核结合，产生氢原子和氦原子，以及最初核合成过程中产生的其他轻元素。光子不再被自由电子散射，所以它们最终可以穿过宇宙中的中性原子。物理学家阿诺·彭齐亚斯（Arno Penzias）和罗伯特·威尔逊（Robert Wilson），在 1964 年发现了这种原初辐射，为支持大爆炸宇宙学说提供了最有说服力的证据。他们因发现宇宙微波背景辐射而在 1978 年获得了诺贝尔物理学奖。

在经历了大约 1.5 亿年的平静时期，也就是所谓的黑暗时代（Dark Era）后，重力开始将氢和氦凝聚成大型气体云和星系，就像我们的银河系。大爆炸 20 亿年之后，宇宙看起来就像一个被星系团点缀的无垠沙漠。

在每个星系内部，物质在引力作用下继续凝聚，局部温度开始上升，形成了第一代恒星。

当恒星核心的温度飙升到 1000 万 K 以上时，核力将核子聚在一起并形成氦，就像大爆炸后的第一阶段一样。核聚变释放出大量的能量，"打开"恒星，让它们发光。

一旦恒星核心的氢开始耗尽，聚变反应产生的压力减弱，引力成为主导力量，恒星核心坍塌而外部膨胀，恒星将变成一颗红巨星。

对于更大质量的恒星，恒星演化还在继续。当恒星核心的温度达到 1 亿 K 时，氦的聚变反应开始了，形成了更重的原子核。当氦的供应耗尽后，内核的组成只剩下碳和氧。

万有引力再次占据了上风，增加了核心密度。于是，当温度达到 10 亿 K 时，首先是碳-12，然后是氧-16 进行聚变反应，形成了更重的核素，包括氖-20、钠-23、硅-28 和磷-31；当核心温度上升到 40 亿 K 时，硅-28 通过与一系列 α 粒子反应燃烧，产生了铁族元素。

这个"流体静力聚变"的序列在铁阶段结束。这颗"恒星洋葱"（stellar onion）（有一个铁核）在无法引起更多

127

聚变的情况下收缩，最终爆炸，成为一颗超新星。超新星借由冲击波的能量俘获中子，在恒星核心周围的壳层中产生了比铁更重的元素。俘获的这些中子主要来自碳和氖的α诱导反应。慢中子俘获机制，即所谓的s过程，以平均10余年的间隔俘获一次中子，并可以产生核子数最高为209的铋核素。快中子俘获机制，即所谓的r过程，中子被俘获的间隔小于1秒，可以产生更重的核素，核子数最高的为钍-232、铀-235、铀-238、钚-244。钍-232与铀-238的产生比率和铀-238与铀-235的产生比率表明，假设核合成速率不变，那么我们星系的年龄为128亿±30亿年。

超新星爆发向太空中喷射出各种核素，由超新星残骸加速，喷射速度可达100 km/s。爆炸后唯一的残余是什么，取决于恒星的质量，较轻时为中子星，较重时则变为黑洞。

超新星爆炸是大质量恒星的最终命运，其只能发光数十亿年，而更小的恒星，如我们的太阳，寿命可达100多亿年。小恒星最终将更加温和地结束其聚变过程，一开始成为一个白矮星，最后变为黑矮星。

在银河系的前5亿年里，大质量恒星通过核反应演化，产生了我们所知物质的所有元素，包括碳、氮、氧、硅、镁、铁、铀。这些元素都是通过超新星爆炸扩散到整个星系。包含这些元素的星际尘埃最开始被压缩成固体，后来，通过吸积变得越来越大。我们的太阳系是在数十亿年后，由星系早期的恒星爆炸后的尘埃形成的。我们的身体从20万年前的形态进化到现在的解剖形态，体内的原子曾经存留在大质量恒星的核心。

在我们的星系（以及其他遥远的星系）中，超新星产生的高能质子和α粒子仍然在轰击我们太阳系（包括地球）中的物质，并且在一个温度为2.725 K的寒冷宇宙中运动。

宇宙反应

据预测，1912年4月12日这天会出现日全食。29岁的奥地利物理学家维克多·赫斯（Victor Hess）将他的验电器装在气球上，升上了维也纳5000多米的高空。他想要验证"地球表面受到了来自宇宙射线的轰击"这个时代的新观点。后来，经过20多年的放射性研究，利用改进的探测系统，许多科学家确信地壳不是天然辐射的唯一来源。赫斯验证实验的前一年（1911年），一位德国科学家也曾把验电器带到埃菲尔铁塔顶上进行实验，但该实验没有得出结论。赫斯确信这种神秘的辐射是由高能γ射线构成的，可以在距离地球表面的更远处识别这种射线。在气球上升的过程中，这位奥地利科学家注意到：一直到1000 m高度，由于辐射而产生的电离减少，然后1000 m高度之后，电离开始增加，最终超过了地面上的电离。同时，他发现5000 m高度的辐射率是海平面的两倍。他还注意到，日食并没有对电离的产生造成任何影响，这证明了高能辐射不是来自太阳，而是来自星系中的其他来源，或者来自其他星系。

1936年，赫斯因发现宇宙辐射而获得诺贝尔奖。最近有报道称，1911年，与赫斯接触的意大利物理学家多梅尼科·帕西尼（Domenico Pacini）通过探索海洋而不是天空，首次证明了宇宙射线的存在。帕西尼把一个密封在铜盒子里的静电计沉到意大利的热那亚湾和布拉恰诺湖几米深的地方测量到，辐射的强烈下降了。这一发现证实了辐射不是来自地壳而是来自宇宙。帕西尼死于1934年，失去了获得诺贝尔奖的机会。

1938年，德国入侵奥地利后，维克多·赫斯逃往美国。在核时代开始的时候，他又一次参与到天空放射性的实验中，但这次是研究"人造"（man-made）放射性。在冷战期间，人们曾发现他在纽约帝国大厦的顶层测试放射性沉降物。

高能宇宙射线，主要是质子（约90%）和α粒子（约9%），加上一小部分电子和射线，与构成大气元素的核素——氮（78%）、氧（21%）、氩（0.9%）及其他次要气体相互作用。宇宙射线的通量很大程度上依赖于能量，例如一个粒子的能量约为 100 MeV/（$m^2 \cdot s$）。有些粒子的能量比大型强子对撞机产生的粒子能量大1亿倍，但它们的通量非常小（$1\ km^2/s$ 不到1个粒子）。

宇宙与大气发生核反应的产物包括，长寿命的放射性核素碳-14、铍-10、铝-26和氯-36。宇宙射线与大气相互作用产生次级粒子簇射，这些粒子到达岩石圈，在那里相互作用产生更多的放射性核素。中子和介子是存在于地球表面的宇宙射线，是高层大气中相互作用的主要产物。中子在进入 3 m 内深度的土壤或岩石，会产生长寿命的放射性核素。μ 子俘获和快速 μ 子的核反应在深度更大时占主导地位。氧和硅分别是制造铍–10 和铝–26 的主要目标元素。氯–36 是由钙和钾的高能反应以及氯–35 的热中子俘获产生的。对钙–40 的中子俘获会产生钙–41。

正如我们在前几章中所谈论的，AMS 是灵敏度分析长寿命宇宙放射性核素的首选技术。

高能宇宙射线可以辐射陨石和太阳系中没有被大气屏蔽的其他固体，产生更大浓度的放射性核素。

131

｜陨石

1969 年，也就是阿波罗 11 号（Apollo–11）登月收集材料，并在地球上进行分析的同一年，两块大太空岩石撞击了地球。此次撞击为科学家们提供了珍贵的外星材料。其中一颗陨石坠落在墨西哥奇瓦瓦州的普埃布里托·德·阿连德附近，另一颗坠落在澳大利亚维多利亚的默奇森镇附近。坠落在阿连德的陨石提供了太阳系早期历史的证据，而对坠落在默奇森的陨石分析，揭示了蛋白质氨基酸和 DNA 的成分，支持了地球上的生命是由另一个星球孕育而来的推测。在阿波罗 11 号任务之前，陨石是唯一可供我们使用的外星材料。

今天，构成陨石的相对未分化材料，仍然是关于太阳系历史早期材料的独特信息来源。

科学家们在阿连德陨石中发现了毫米大小的包裹体，它们有白色的、粉红色的，其内富含铝和钙（称为 CAI，钙铝包裹体）。这些发现与星云冷却的计算机模型是一致的。这些 CAI 构造内具有高浓度的铀，用铀铅法可以高精度测定出其年代。

通过铀定年法测定阿连德的陨石中的 CAI 的年代为 45.672 亿±0.006 亿年。这为测量太阳系中第一批小块固体物质材料在原恒星星云产生的时间，提供了一个高精度的测量结果。

用铀定年法测定地球吸积的平均年龄为 45.500 亿±0.003 亿年。这个数据意味着，我们的星球在地质上形成得非常快，不到 2000 万年。在此期间，所有原始固体物质的小碎片，如 CAI，都在绕太阳运行并发生着碰撞。其中一些 CAI 堆积起来，让大块物质变得更大。最终，这个随机过程创造了太阳、九大行星、数十颗卫星和数千颗小行星（只计算望远镜看得到的）。剩下的 CAI 物质则包括数十万颗彗星、陨石、星际尘埃和等离子体（太阳风）。

许多陨石，如阿连德的陨石和默奇森的陨石，都起源于火星和木星之间的小行星带。它们是不能被吸积到第十颗行星上的原始物质。

在太阳系中旅行的米级大小的陨石，暴露在来自银河系的高能粒子（主要是质子）之下。宇宙射线及其次生产物，包括高能中子，与陨石中的特定核素相互作用，产生了寿命较长的放射性核素。这种寿命较长的放射性核素的半衰期适合用来研究其形成年代。比如，最常见的有铍-10（$T_{1/2}$=138 万 a）和铝-26（$T_{1/2}$=70 万 a）。当然，陨石中的短寿命放射性核素，在撞击后必须立即测量才能得到有用的分析结果。相反，长寿命的放射性同位素可以在撞击发生数千年后再进行测量。

陨石从一个大的天体（通常是一颗小行星）中炸出后，来自宇宙的放射性核素开始在陨石中积累，在那之前它们与宇宙射线是隔离的。宇宙源核素的浓度，取决于宇宙射线辐照的几何形状和辐照的持续时间。这两个因素又随着物体碰撞和破碎的过程不断变化。测量地外物质中的宇宙源核素只是一系列所需信息中的第一个要素，这个要素将最终用于确定陨石在太空中的辐照历史。宇宙源放射性核素揭示了：许多球粒陨石——含有被称为球粒的小包裹体的石质陨石，已经暴露在太空中数百万年了。从南极洲的蓝色冰原收集到的一些陨石，已被确定起源于月球（陨石代号 ALHA 81005）或火星（陨石代号 ALHA 84001）。对 ALHA 81005 中铍-10 和铝-26 的分析表明，该陨石在太空中存在的时间不到 10 万年，支持了月球起源的理论。

科学家们通过测量岩石中产生于辉石颗粒中的核径迹密度，计算出了 ALHA 84001 从火星运行到地球的时间。辉石是陨石和陆地玄武岩中常见的硅酸盐矿物。与默奇森陨石一样，这颗陨石与可能的外星生命有关。

| 固体地球的演化

根据澳大利亚土著人的说法，"梦境时间"是创造的时间。在澳大利亚西北部金伯利的加杰隆人（Gajerrong people）的长老们讲述的一个梦境时间故事中，他们的祖辈吉比根人（Djibigun）中的一位男性，倾慕一个名叫金米乌姆（Jinmium）的女性。他穿过沙漠和沼泽去追寻她。当他终于找到她时，她变成了一块石头来逃避他。现在这块雕刻过的巨石被称为金米乌姆，是一个著名的考古遗址的地标。科学家们还讲述了其他关于固体地球形成的故事，这些故事通常也与澳大利亚的岩石有关。基于放射性的方法仍然发挥着关键作用。

在45.5亿年前，当地球由旋转的太阳星云凝聚而成时，它还是一个由富含铁的金属、硅酸盐矿物和挥发性化合物组成的熔融球体。当物质聚集起来形成原始地球的时候，地球的温度升高了。一部分原因是，重力吸积过程吸收了能量；另一部分原因是，铀、钍和钾的放射性释放了能量。温度升高造成了不稳定的更轻、更热的物质上升，更冷的物质下沉的系统。在最初的几十万年间，强烈的对流过程使热量从地球4000～5000 K的层状核传递到地幔。一些地壳开始从地幔中"成长",但它在固化后立即又循环到了行星内部。

对澳大利亚锆石矿物的分析结果表明,其中一些矿物是年轻的地球的一部分,且没有被"回收"到地球内部。

西澳大利亚杰克山(位于珀斯以北800 km)的一颗锆石的铀铅定年结果大致为44亿年。也就是说,在地球诞生1亿5千万年后,固体物质已经以花岗岩的形式出现。对晶体的分析结果表明,尽管温度很高,但在被称为冥古宙(Hadean,又称"地狱时期")的地质时代,地球表面就已经有水了,且温度已下降到水的沸点以下。

过了一段时间,大约在38亿年前,太古宙的早期阶段,地球的冷却减缓了对流运动,大陆地壳形成。澳大利亚的岩石表明,第一个蓝藻(没有细胞核的细胞,称为原核生物)大约在这个时期进化而成,地点可能是在海底热液喷口附近。随后,它们在海洋环境中形成了类似土丘的结构(叠层石)。如对西澳大利亚皮尔巴拉地区的一些岩石用铀铅法测定,其形成于35亿年前。

这一时期最古老的岩石,现在仍然保存在西澳大利亚、南非、格陵兰岛和北美的前寒武纪地盾区。这些古老岩石,是由40多亿年前的原始深成岩反复循环变化与改造而成,其结构和矿物组成早已改变。这些改造包括,更年轻岩石的高温和高压过程(称为变质作用)。上述过程导致了今天存在的地球结构的形成,包括固体内核、液体外核、地幔和地壳。

大约25亿年前,在元古宙的开始,类似于现在的月球或陨石物质的地球的古老地壳，被一个更轻的富含硅的地壳所取代。需要特别指出的是，这个时期的岩石表明，这种轻地壳是由被称为板块的离散单元组成的，它们承载着大陆。这些板块浮于上地幔中更重的富含铁和镁的岩石上四处移动，并改变了岩石圈的排列，这一过程称为板块构造。

蓝藻产生了大量的游离氧。细菌释放到海水中的大量氧气的存在已被证实。例如，在皮尔巴拉地区前寒武系岩石中发现的条带状含铁建造。如今，这些矿产对澳大利亚的GDP作出了重大贡献。250万年前，（译者注：应为25亿年，此处为原文错误）氧气开始积聚到大气中。氧气的存在（包括阻挡紫外线辐射的臭氧层）使第一批复杂细胞——真核生物得以发展。真核生物可能在21亿年前通过内共生进化而来。

南澳大利亚弗林德斯山脉的元古宙岩石显示，"雪球地球"时期发生在8亿到6亿年前。元古宙的结束以多细胞软体生物开始进化的埃迪卡拉纪的开始（6.3亿～5.42亿年前）为标志。在弗林德斯山脉的岩石中，埃迪卡拉纪和随后的寒武纪之间的分界线也清晰地标示出来，出现了有着壳、鳞片和铠甲的海洋生物。

与此同时，地质演化还在继续，并被记录在陆地岩石中。玄武岩浆从上地幔通过构成大洋中脊的裂缝涌出，这一过程与板块增生有关。由外核旋转产生的地球磁场的方向，被记录在玄武岩材料冷却时晶体所获得的磁化强度中。地球的磁场在过去的32亿年里发生了变化。它的漂移和倒转被记录在从海底挤出的物质中。其准确年代仍然可以利用放射性定年法来确定。1948年，美国物理学家阿尔弗雷德·尼尔（Alfred Nier）证明了钾-40可以衰变为氩-40。他认为，这是一个完美的地质时钟，可以测定、记录地磁倒转的玄武岩的年代。测定的衰变半衰期为12.48亿年，这使得我们可以确定地球的历史。最年轻的倒转发生在大洋中脊附近，记录着最古老的地磁倒转的玄武岩则靠近大陆。大洋中脊两侧岩石的年龄是一样的，这是大陆漂移时海底裂开的重要证据。

当两个板块汇聚时，其中一个板块可能会俯冲到另一板块之下，从而引发火山活动，并将地壳物质带入地幔。在大陆边缘，俯冲的物质主要由洋壳和覆盖其上的沉积物组成。大量的地球化学研究表明，大陆边缘的火山作用将一些俯冲物质带回到地表。深海沉积物中含有高浓度的宇宙源放射性核素铍-10。分析岛弧火山熔岩样品中铍-10的含量，可以为来自俯冲带的海洋沉积物是与熔岩的结合提供直接证据。分析结果证实了海洋沉积物可以循环利用，并给出了这一过程的时间。

自地球的所谓"黑暗时代"以来，地球内层和外层之间的交换循环就一直在进行。地壳岩石首先被侵蚀，继而被沉积到海洋中，最终沿着大陆和海洋地壳相互挤压的俯冲带循环回地幔中。这个循环始于地幔岩石已发生熔融的，地下100多公里的岩石圈-软流圈边界上。

| 地球的年龄

关于地球年龄的争论一直未曾停止。直到 17 世纪为止，关于地球和宇宙起源的讨论主要局限于祭司、萨满、先知和哲学家们。

例如，《圣经》认为地球是在公元前 4004 年 10 月 22 日晚上被创造出来的。这是由爱尔兰阿马大主教詹姆斯·厄舍（James Ussher）根据亚当的家谱计算得来。诺亚洪水把鱼类和其他海洋动物冲到山顶，今天仍可在层状岩石中找到它们的痕迹。

关于这个问题的新答案在 18 世纪出现了。但是，那个时期的自然科学家所提供的信息远不如大主教厄舍所提供的"精确"。例如，1785 年，"地质学之父"詹姆斯·赫顿（James Hutton）在新成立的皇家学会的一次会议上，告诉参加会议的自然科学者们，"我们今天所看到的地球是经过很长一段时间的缓慢地质过程形成的，现在正在进行的环境作用，同样会塑造未来的地质景观"。赫顿的结论是，在我们星球的地质历史中我们找不到开始的痕迹，也不知道结束时的景象。

地质学家们开始系统地研究化石，将各大洲地层中发现的化石进行对比关联。在赫顿去世当天出生的地质学家查尔斯·莱伊尔（Charles Lyell）评估了特定地质现象的时间长度，比如用埃特纳火山上熔岩的沉积，评估了地球的整个地质年代。1833年，他将所有可用的信息总结在《地质学原理》一书中。而这正是查尔斯·达尔文在贝格尔号上旅行期间的重要灵感来源。因为这似乎与达尔文自己的观点一致，即地球上的生命进化需要很长的时间跨度。

　　到了达尔文时代，地质学家依据地层中的化石组合识别并命名了大多数地质年表序列。底部是前寒武纪，几乎没有生命存在。其上是伴随着生命大爆发的寒武纪，最早的生物矿化结构出现。然后是三叶虫出现的奥陶纪。之后是有最早的硬骨鱼类的志留纪。再之后是泥盆纪，其特征是出现红色砂岩、鱼和最早的四足动物，这一时期还进化出了种子，使得植物最终主宰了陆地。石炭纪出现则较晚，此时地球是一个富含氧气的星球，被茂盛的植被覆盖，居住着巨大的节肢动物和最早的小型爬行动物。当这些生物灭绝后，它们生存的环境被二叠纪和三叠纪的沙漠环境所取代。二叠纪末期，气候干燥多变，地球上的大多数生物，包括三叶虫、其他海洋生物以及陆地上的爬行动物和原哺乳动物突然灭绝了。在接下来的侏罗纪时期，一个温暖的热带星球再次出现，菊石和其他海洋生物开始蔓延，同时恐龙开始统治世界。紧随其后的地质时代是白垩纪，它主要由覆盖地球的大量微生物藻类所形成的白色灰岩组成。白垩纪以一颗小行星撞击地球为结尾。然后是第三纪，最后是第四纪——用变质地质学家的话说就是"顶部的泥土"。一个以地球化学为基础的新地质时代——"人类世"的存在，是目前沉积学家们讨论的一个问题。

为了测量地球的年龄，地质学家们需要物理学家的帮助。物理学家们利用定量方法构想出一个能测量长期发生的、非常缓慢的地质过程所需的"时钟"。

当时被称为"自然哲学家"的物理学家们，在19世纪中期进入地球年代测定的项目中。"绝对温标之父"开尔文勋爵，以他的名字命名了绝对温标K，并应用热力学定律来解决地球年代测定这一棘手问题。考虑到越靠近地球内部，温度越高，他假设，我们的地球正在从原来的熔化球体冷却下来。若知道岩石融化的温度和冷却速度，他就能估算出固体地壳的年龄。这并不是一个新想法。艾萨克·牛顿（Isaac Newton）已经推测过地球至少需要5万年才能冷却下来。18世纪60年代，法国贵族布丰（Georges-Louis Leclerc，comte de Buffffon）伯爵，通过热铁球实验得出的结论是：我们的星球冷却到现在的温度需要42 964年221天。

经过使用不同参数的多次尝试，开尔文得出了地球的年龄大约有2000万年。但对于这个结果达尔文并不高兴，地质学家们也不认可这一结论。达尔文的进化论建立在一个更大的时间图景上。地质学家们试图抢占物理学家的风头，他们利用地质过程来计算地球的年龄。在利用海洋中盐的溶解度来确定这颗行星的年龄时，他们假设：今天海洋中的所有盐都来自岩石的分解，并由河流以一定的速度输送。最终得出，第一批海洋海水形成的年龄约为9000万年。然后，地质学家们假设沉积速率已知，利用岩层的沉

140

积速率，又加上了几亿年的时间。但是，这个过程中有太多的假设，所以没有人相信这些结果。

在19世纪末20世纪初，物理学家们凭借在放射性和原子方面的革命性发现，重新回到了地球年龄测量舞台的中心。地质学家们相信地球的年龄比一般人认为的要大得多，他们很高兴听到当地球正在冷却时，放射性可以加热地球内部的物质。因为，这表明开尔文计算出的地球年龄相对年轻，这个发现支持了地球更老的观点。事实上，开尔文的"年轻地球"结论并不是由放射性对其加热的贡献造成的，他的主要错误是假定地球是固体。1885年，曾是开尔文助手的爱尔兰科学家约翰·佩里（John Perry）在《自然》杂志上发表的一篇论文中指出，假设地球内部是流体，热量通过对流分布，假设一个小的固体外壳可以在很长一段时间内保持表面的高温度梯度。在这些假设的基础上，佩里估计地球的年龄为20亿～30亿年。

卢瑟福本人对上述关于放射性在开尔文计算中作用的误解也有贡献。而另一方面，这位新西兰人是第一个用铀的放射性来测量岩石年龄的人。他和索迪已经确定氦是铀的放射性衰变产物之一，所以他在测量过程中利用了氦的积累。氦总是存在于富铀矿物中。1905年，他通过测量沥青铀矿样品中氦的浓度，估计出这种矿物有5亿年的历史。

不过，这种新的年代测定方法也有其局限性。氦是一种气体，在分析过程中可能会从破碎的岩石中逸出而部分丢失。卢瑟福基于氦的方法只能提供矿物最小年龄的估计。

与此同时，美国科学家伯特伦·博尔特伍德（Bertram

Boltwood）已经确定，铅也存在于铀矿物中。他正确地假设了铅是铀的最终产物。

地球物理学家阿瑟·霍尔姆斯（Arthur Holmes）是第一个使用铀铅测年法的人。1911年，他测出一块来自挪威的泥盆系岩石的年代为3.7亿年。在后续的工作中，他确定了不同地质时期的其他岩石的年代，建立了第一个地质年代表。该地质年代表最远可追溯至16亿年前。

铀铅法应用中的主要问题是，可能存在不是由铀的衰变产生的铅。例如，岩石中的铅可能是钍衰变的产物，或者它在矿物形成时就已经存在于矿物中了。后者被称为普通铅。

1927年，阿斯顿（Aston）确定铅有三种同位素：

铅-206（24.1%）、铅-207（22.1%）和铅-208（52.4%）。他和卢瑟福提出原始铅的同位素——铅-207，是铀的第二种同位素铀-235的产物，而铀-235在这之前是未知的观点。1936年，美国物理学家阿尔弗雷德·尼尔（Alfred Nier）利用一种更先进的光谱仪发现，原始铅是铅的另一种同位素——铅-204（其比率仅为1.4%）。最终，对所有不同的铅同位素的鉴定，包括那些从铀衰变中得到的铅同位素，促进了一种精确的铀铅年代测定方法的发展。

阿斯顿还推导出铀-235和铀-238的比值。卢瑟福据此推算出，假设在这两种同位素在行星形成时的含量相同的情况下，地球的年龄为34亿年。

现在，铀铅法可以帮助推进地球的年代测定，因为有两种衰变可以利用：铀-238到铅-206，铀-235到铅-207。

铀的衰变产物中的铅-206和铅-207与铅-204的固定比例，可以让我们以更高的精度来测定地球的年龄。通过使用这种方法，尼尔发现一些火成岩的年龄超过了20亿年——比天文学家认为宇宙形成的18亿年还要老，这是通过对仙女座和其他星系衰退速度的首次测量得出的。这个宇宙学结果来自20世纪50年代哈勃（Hubble）关于星系距离的错误假定。他对宇宙学的贡献毫无疑问得到了诺贝尔物理学委员会的认可，但他于1953年9月28日去世，当时对他诺贝尔奖提名的工作还在准备之中。

评估地球年龄要解决的最后一个问题是测量原始铅的组成，以确定在铀衰变中放射性铅的贡献。解决这个问题的办法来自陨石。

铁陨石中只含有少量的铀，因此它们的铅普遍为原始铅。1953年，美国地球化学家克莱尔·帕特森（Clair Patterson）测量了破坏神峡谷陨石中的铅同位素组分。5万年前，这颗陨石在美国亚利桑那州撞击形成陨石坑。1956年，他发表了著名的"等时线"图，显示了陨石中和海底样品中的铅-207/铅-204和铅-206/铅-204的比值在同一条直线上。这条线的斜率给出了测量物质——地球的年龄为45.5亿年，误差为±7000万年（图23）。从此，计算地球年龄的竞赛结束了。

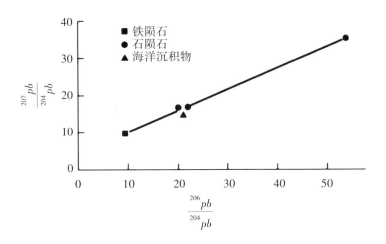

图 23　海洋沉积物和陨石的铅等时线
这一斜率表明地球的年龄为 45.5 亿 ± 0.7 亿年

| 生命的遗骸

　　从远古时代起，人们所知的属于远古生物的物质，常常会成为神话和宗教信仰的一部分。例如，它们被认为是在圣经大洪水中死去的动物的骨头，或者是龙的遗骸，亦或者是神奇的恶魔的遗骸。当然，也有更现实的解释。500 年前，列奥纳多·达·芬奇（Leonardo da Vinci）将化石解释为曾经生活在海洋中的生物的产物。随着所谓的

"启蒙时期"的到来，逻辑推论占了上风，越来越多的博物学家将化石残骸解释为，久远过去在地球上曾居住的生物的残余物。达尔文本人曾使用灭绝动物的化石，例如，阿根廷布兰卡港的巨型树懒，来证明物种不是一成不变的。几个世纪以来，古生物学家们一直在研究古代的化石，试图了解原始的有机物质在转化成矿物时发生了什么。人们普遍认为，原始的生物组织已经在化石中完全转化为矿物质。但现代科学让我们可以用新的眼光来审视这些古老的遗迹。

通过精密的工具，物理学家们最近发现，数百万年前的化石残骸中有可能保存着部分原始材料。新型同步辐射 X 射线荧光显微镜，提供了样品中微量和痕量元素的图像。该方法被应用于研究始祖鸟（Archaeopteryx）化石。始祖鸟是一种生活在 1.45 亿年前的类似于原始鸟类的兽脚亚目恐龙。在对始祖鸟化石的研究中发现了现代鸟类体内的关键元素——磷、锌、铜，这证明了动物原始组织中的化学元素仍然可以在化石残骸中找到。科学家们注意到，恐龙化石的羽毛中有一种叫作黑素体的结构，它含有赋予鸟类羽毛颜色的黑色素。科学家们希望能利用这些先进的技术，来还原 1.25 亿年前生活在中国的飞行恐龙中华龙鸟（Sinosauropteryx）尾羽的颜色。

另一种分析技术——同步辐射计算机显微断层摄影技术，可以用来观察恐龙蛋的内部，并寻找胚胎。这些微小的恐龙骨骼的图像可以被"虚拟地"从蛋中提取出来，图像分辨率可降至 1‰ mm 或更小。这一方法还可以对头骨化石骨骼进行虚拟切片，以追踪原始组织的微观结构，并判断一些恐龙物种是否有头槌或头饰。这项技术还可以用来揭示生长停滞的时间线。生长停滞的时间线在现代两栖动物和哺乳动物的骨骼中很常见，与生物发育缓慢的时期相对应。恐龙的寿命可以通过使用微CT成像的非侵入性方法计算这些时间线来评估。

生活在白垩纪末期的恐龙则因为白垩纪–第三纪界限（K-T界限，大约在6550万年前）的一场灾变事件而灭绝了。

恐龙灭绝之后

在古比奥附近美丽的波塔台内山谷，白垩纪–第三纪界限是山谷旅游景点的一部分。白垩纪–第三纪界限为薄薄的一层黏土。1980年，美国科学家、1960年诺贝尔物理学奖得主路易斯·阿尔瓦雷斯（Luis Alvarez）和他的儿子——地质学家沃尔特（Walter），利用中子活化分析方法对K-T界限的黏土进行了分析，这个地质剖面因此而闻名。他们在K-T界限的黏土中发现了异常的铱含量（3×10^{-9}），而正常的陆地沉积物中的铱含量仅为$1.5\times10^{-11}\sim1\times10^{-11}$。由于陨石和其他地外物质中含有高浓度的铱，这可以被解

釋為是，大約 6550 万年前一颗直径为 10 km 的小行星撞击

释为是，大约 6550 万年前一颗直径为 10 km 的小行星撞击地球的结果。再加上全球范围内植物和动物多样性的急剧下降，恐龙在那场环境灾难中灭绝了。现在人们普遍认为，那次撞击在墨西哥尤卡坦半岛形成了直径 180 km 的希克苏鲁伯陨石坑。这个陨石坑发现于 20 世纪 70 年代，它实际上与第三纪界线的铱层具有相同的年龄，而第三纪界线的铱层在世界许多地方都已被发现。对震碎岩、冲击石英和重力异常的鉴别也支持小行星撞击地球造成了恐龙灭绝的观点。

白垩纪灰岩和白垩纪–第三纪界限的黏土之上是第三系地层，也是地球的最上部地层。第三纪开始于 6550 万年前，然后是第四纪，也就是我们所处的时代，开始于 260 万年前。

大约 5000 万年前，全球变冷导致我们的星球从第三纪初期的热带气候转变为第四纪冰期，最终导致北极冰盖的形成。气温下降，大气中二氧化碳含量也从 2 ‰ 下降到 0.3 ‰。全球变冷很可能由温室效应的减少所致，也可能是由板块构造导致的大洋环流变化所致。新生代全球降温的趋势也被多次短暂的气候变暖事件所打断。深海沉积记录显示，大洋深水温度从 5000 万年前的 12°C 下降到 3000 万年前的 6°C（现今深水温度约为 2°C）。

全球气候变化是导致灵长类动物分化和扩散等自然选择的重要引擎。

第三纪期间，冈瓦纳超级大陆分裂，使得印度和欧亚板块发生碰撞，继而形成喜马拉雅山脉和青藏高原，同

时也使南极洲漂移到现今南极位置、南北美洲重新连接，直接导致了德雷克海峡的快速扩张。喜马拉雅高原改变了大气环流，新暴露出来的岩石吸收了更多二氧化碳，进一步导致全球变冷，许多地区的地貌景观变得更加荒凉。

最近的研究发现，3000万年前，最早的古猿出现在今天的沙特阿拉伯地区——但当时仍与非洲大陆相连。与此同时，大约在同一地质时期，阿拉伯板块从非洲地盾中分裂出来，以逆时针旋转并向北、东北方向飘移。1900万年前，最终，欧亚大陆和非洲大陆碰撞并连接起来。之后，地球气候回暖并持续了几百万年，使得森林植被增加，猿类扩散到新的区域。

接下来的数百万年里，伴随着欧亚大陆和非洲大陆之间的大洋周期性的出现和消亡，种类繁多的古猿（100多种类人猿）从伊比利亚半岛向东亚和非洲南部扩散。降温趋势在第三纪末，即早上新世，重新出现。

尽管被称为"冰期"，接下来的更新世（260万年至1.2万年前），实际上以冰川的间歇性前进和后退为特征。在过去的200万年中，冰期的平均持续时间约为26 000年，而温暖的间冰期平均持续时间约为27 000年。在约260万年到110万年前的150万年中，一个完整的冰期–间冰期旋回周期大约持续了4.1万年。在过去的120万年中，冰期–间冰期旋回周期持续了10万年。

如前所述，稳定同位素和放射性同位素在重建地球古气候历史中起着至关重要的作用。在最近的地质时期，全球和区域环境变化为类人猿的出现奠定了基础，包括我们人类自己。过去环境变化的信号被冰芯、海洋沉积物、洞穴、珊瑚和树轮等沉积保存了下来。已经灭绝和现存的类人猿的信息则被骨骼化石和DNA所记录。裸猿也留下了它的"文化"痕迹。在下一章，也就是最后一章，我们正是要转向这些论点，来结束我们的放射性及其应用之旅。

第八章

追溯人类的起源和历史

《我们从何处来？我们是谁？我们向何处去？》是法国画家保罗·高更于 1897 年创作的绘画作品。

很久以前，在坦桑尼亚北部一个现在被称为拉托利（Lateoli）的地方，三个两足动物——两个成年个体和一个幼年个体，走过潮湿的火山灰，后来火山灰像混凝土一样变硬。他们的脚印是英国考古学家玛丽·利基（Mary Leakey）于1978年发现的。

这三个人族，也许是一个家族式的群体，后来被确认为是南方古猿（Australopithecus）的成员。南方古猿属是人类进化史上的一个分支，它在我们人属（Homo）之前。它们的体重为30～50 kg，身高略高于1 m。南方古猿属的脑容量为400～500 cm^3，接近于黑猩猩的脑容量。

1925 年，威特沃特斯兰德大学（the University of Witwatersrand）的雷蒙德·达特（Raymond Dart）在南非发现了第一块南方古猿化石——"汤恩幼儿"（Taung Child）。这个物种是证实达尔文最初想法的第一个证据，即人类的祖先可能起源于非洲。自达特的发现以来，人们还发现了其他几个南方古猿物种，包括来自埃塞俄比亚的著名的阿法南猿（A.afarensis）——露西。

这些早期人类生活在什么时代？他们可能的祖先是谁？他们是如何进化的？他们真的是我们的祖先吗？这些问题的许多答案将由基于放射性方法工作的地质时钟和先进显微镜给出。

| 最早的人族

火山在东非大裂谷中频繁爆发。事实上，板块构造将非洲撕裂了4000多万年。与化石交错在一起的火山灰，包含了可以用基于放射性方法来测定年代的材料。东非的火山玻璃有高浓度的钾，可以用不稳定同位素钾-40衰变为氩-40的比率来确定火山玻璃的年代。当火山爆发时，放射性氩全部被释放到大气中，因此，当火山喷出物开始冷却，氩-40开始积累时，时钟被重置。

氩-40的浓度可以通过加热矿物样品来测量，由此释放的原子可以使用质谱仪来计算。不过，我们需要知道母体同位素和子体同位素的相对浓度才能计算出样品的准确年龄。20世纪60年代，加利福尼亚大学伯克利分校（the University of California，Berkeley），开发了一种巧妙的方法来分析钾的浓度。当样品被放在一个反应堆中辐照时，中子与钾的核反应产生氩-39，其浓度可以作为钾浓度的替代。然后，可以同时用质谱法对氩-39和氩-40进行分析。因此，这种方法被称为"氩-氩定年"（argon – argon dating）。

通过使用激光从由浮石中挑选出的单晶中提取氩原子，定年的准确性得到了提高。这种方法应用在至少有10万年历史的样本上效果最好，但是如果富含钾，它也可以用于1万年的年轻样本。除此之外，它的范围还可以扩展到接近地球年龄的年表。

钾-40的放射性给出了东非人类进化的关键转折点的可靠日期。利基发现的南方古猿家族在360万年前的灰烬中留下了脚印，而鲍氏南猿（Australopithecus boisei）和阿法南猿露西分别生活在距今175万年前和318万年前。

在埃塞俄比亚的阿法尔洼地发现了另一个年龄更大的双足女性。有人认为她是露西的祖先。拉密达地猿（Ardipithecus ramidus）的骨头，也就是媒体所说的阿尔迪（Ardi），被两次火山爆发所沉积的地层所包围，我们测得她的氩-氩年龄为440万年。对阿尔迪骨骼的高分辨率X射线CT扫描表明，她具有"多元"运动行为。即使她是在黑猩猩和人类的共同祖先之后不久进化出来的，她也不会指背行走[①]或在树冠上摇摆。她的四肢具有多种特征，既可以爬树，也可以在地面上直立行走，探索新的栖息地。

对在埃塞俄比亚同一地区发现的早期人族——卡达巴

---

①译者注：指背行走（knuckle walking），指大猩猩和黑猩猩在地上不是以手掌着触地面，而是松握其拳，以指中骨关节的背面着触地面负体而行。

地猿（Ardipithecus kadabba）的牙齿进行钾放射性测定，发现其距今已有560万年。卡达巴地猿与肯尼亚的图根原人（Orrorin Tugenensis）（钾-氩年龄约为600万年）以及中非的乍得沙赫人（Sahelanthropus tchadensis）（钾-氩年龄为600万～700万年）等其他人族非常相似。这一年龄最初是通过"生物年代学"方法测得的（即基于与人族遗骸同一位置的已知年代的哺乳动物化石测得），最近通过使用宇生铍-10/铍-9测年法对此给予了确认。铍-10测年法与我们在第五章讨论的放射性碳测年法相似。铍-10是由高能宇宙射线在大气中轰击氧气和氮气产生。放射性核素随后被气溶胶吸附，并通过降水以可溶形式转移到地球表面。最后，铍-10与沉积物相结合，并在沉积物中衰变。铍-10和铍-9之间的比率（假设沉积物中痕量的铍-9已均匀转化为铍-10）可用作地质时钟。利用地质时钟，对沉积层包围着的两个乍得沙赫人的头盖骨进行铍-10/铍-9测年，分别得出了683万年和712万年的数据，该数据证实了更早期做的年代估计。

这些对早期人族年龄的研究结果与遗传学研究的情况一致，表明黑猩猩和现代人类的共同祖先生活在大约700万～500万年前。利用高分辨率计算机X射线断层扫描成像技术，对扭曲的乍得沙赫人的头骨进行虚拟重建。对其颅底的分析表明，该物种可能是直立的两足物种。

由于没有可用的火山物质，南非南方古猿不能用氩-氩定年来确定年代。1994年，古人类学家罗恩·克拉克（Ron Clarke）在南非的斯特克方坦（Sterkfontain）洞穴中发现了南方古猿——"小脚"（Little Foot），并采用宇生核素铍-10/铝-26"埋藏测年法"对其进行了年代测定。

铍-10和铝-26是由次级宇宙射线（主要是中子和μ子，它们又由高能质子照射高层大气产生）轰击地球表面的硅矿物而产生的。当这些矿物被埋藏在几米深的地方时，中子无法触及，并且部分μ子被屏蔽，所以，放射性同位素的产生几乎停止。放射性衰变会降低放射性核素的浓度，因此它们可以作为时钟，测量材料被掩埋后所经历的时间。用AMS原子计数法测得的铍-10和铝-26的残留量，给出的洞穴中岩石的"埋藏年龄"（burial ages），可追溯到大约数百万年。

由此得出"小脚"的埋藏年龄为400万年，但这个年龄与古地磁测年结果不符。

2006年，在埃塞俄比亚的迪基卡（Dikika），发现了一只几乎完整的年轻阿法南猿的骨骼。迪基卡附近发现的动物骨骼的电子和X射线成像显示出石器的痕迹。根据包裹的凝灰岩的氩-氩年龄，这只年轻的阿法南猿的骨骼年龄被定为339万年。如果这个年龄得到证实，这应该是人族世系（hominin lineage）食用肉和骨髓的最早证据。在那之前，人们还认为食肉这种行为是由后来的人族，在大约250万年前发展起来的，埃塞俄比亚戈纳（Gona）地区最早的石器就表明了这一点。

南方古猿是一个非常成功的属种，也是最坚强的类群。它们生活在距今400万年到将近100万年之前。因为地质和天文力量改变了当时地球的气候，所以它们经历了非洲极端的环境变化。

更新世伊始，非洲变得越来越干燥和寒冷，恶劣的气候对地貌产生了破坏性的影响。森林被大草原和开阔地带所取代。许多适合在森林居住的动物物种没能存活下来。进化的选择性力量塑造了新的动物物种，包括人族（Hominini tribe）。鲍氏南猿就是其中之一，它们出现在不到200万年的化石记录中，后来也被昵称为"胡桃夹子人"（Nutcracker Man）。它们的颊齿比早期南方古猿的颊齿更薄，牙釉质厚，下颚粗壮。这与饮食的变化是一致的——鲍氏南猿的食性范围从柔软的水果和叶子到植物的坚果、种子、根和块茎。南非也出现了一种类似的人族——粗壮南猿（Australopithecus robustus）。它们强大的咀嚼肌固定在典型的矢状嵴上，大臼齿上有厚厚的牙釉质，适合吃坚硬、无毛的植物。包括澳大利亚国立大学（Australian National University）的科林·格罗夫斯（Colin Groves）在内的几位古人类学家不认可"'粗壮类南方古猿'（即粗壮南猿和鲍氏南猿）应该归入南方古猿属"的说法。他们其中大部分研究者会把它们归入傍人属（Paranthropus）。但据说科林不过是一个"装卸工"（lumper）——正如一些遗传学家所建议的那样，他将最早可追溯到地猿属的所有人族物种都归为人属。

| 人属（Homo）

更新世期间，气候和环境变化的力量使自然选择的引擎加速，改变了人族的饮食和一般生活方式。当时的新情况要求人族提高适应性。化石记录显示，在这一关键时期出现了第二个趋势，即出现了一个以略大的大脑为特征的人族，其脑容量高达约600 cc。

被归类为能人（Homo habilis）的遗骸显示，其年龄在230万至140万年之间。能人手臂比双腿发达，这表明他们仍然保持着相当好的攀爬能力。他们的体型与南方古猿相当。

采用氩–氩测年技术和裂变径迹测年技术，对在埃塞俄比亚哈达尔（Hadar）发现的能人石器进行了年代测定。后者技术是基于铀杂质在火山岩或玻璃中裂变造成的累积损伤。当铀–238原子核自发裂变时，产生的碎片会在矿物中留下微米大小的轨迹，只要矿物的温度保持在只有在剧烈的地质过程中才能达到的某个水平以下，这种轨迹就会保存数百万年。通过化学蚀刻可见的痕迹密度，表明了上次火山喷发以来经历的时间。年龄评估需要知道铀的浓度，这可以通过在核反应堆中辐照样本获得。中子会引发铀–235

的裂变，从而产生的进一步的轨迹，可用于估算矿物中的铀浓度。这些分析结果表明，哈达尔石器的年龄为250万年。

最近，南非古人类学家在约翰内斯堡附近的马拉帕（Malapa）洞穴中发现了一个新的人族，即南方古猿源泉种（Australopithecus sediba）。用铀铅法测定其生活在197.700万±0.002万年前。他有脑袋小和其他类似南方古猿的特征，但它的牙齿、腿和骨盆让人联想到人属。头盖骨同步辐射显微断层成像技术可以重建其大脑的形状，其特征是额叶略微不对称，这与人类类似。这个结果表明，神经元重组在前人类世系（Pre-human lineages）的大脑扩张之前就已经开始了，人类大脑中，与语言和社会行为相关的区域之间的连接可能会增加。这些发现者认为，这个物种是阿法南猿和人属之间的过渡性物种。其他人则不相信人属一定是从我们所知的南方古猿物种进化而来的。

大约200万年前，非洲突然出现了一个新物种——匠人（Homo ergaster）。纳里科托姆（Nariokotome）男孩身高1.75 m，体重几乎是南方古猿的两倍，脑容量为900 cc。利用同步辐射显微断层成像技术，研究了他的一颗牙齿的微观结构，确定了他的死亡年龄。尽管这个男孩身材高大，但其实他只有8岁。这表明这个人族和黑猩猩一样，成熟得很早。他的牙齿和骨骼显示出不同的死亡年龄，介于8到14岁之间。这意味着成长期的延长不是一个简单的过渡。匠人的下颌肌肉较小，臼齿也较小，所食食物较软，推测以食用水果和肉类为主。

最早的阿舍利（Acheulian）工具[1]的年代为176万年前，存在于匠人的时间跨度内。阿舍利工具是用可以被其他石头敲碎的鹅卵石制成的。大多数学者认为匠人所用的技术就是所谓的"发达的奥杜韦"（即砾石工具，或称为模式1）[2]。非洲以外最早的人类遗迹中发现有砾石工具，而手斧（即阿舍利[3]式工具，称为模式2）则出现得较晚。

据一些研究人员称，匠人已经学会了用火。这可能是，火作为一种破坏性武器，能够帮匠人"恐吓"最后幸存的南方古猿、鲍氏南猿、粗壮南猿以及非洲大草原上的能人和鲁道夫人（Homo rudolfensis）等与他们同类的人种。

161

一次又一次走出非洲

据我们所知，在更新世之初，匠人是通过连接大裂谷和亚洲东部的广阔草原，散布到非洲以外的首个物种。直立人（H. erectus）是其亚洲变种，特点是头骨厚，前额扁

---

[1] 译者注：阿舍利工具是在非洲西图卡纳的科基塞雷（Kokiselei)发现的。

[2] 译者注：奥杜韦文化是迄今所知世界上最早的旧石器文化之一。该文化的典型器物是砾石砍砸器，占所发现全部石器的51%。

[3] 译者注：阿舍利文化（Acheulian）是非洲、西欧、西亚和印度旧石器时代的早期文化，代表了石器工具的进一步发展。

平，面部突出。年代大约在100万年前的爪哇岛桑吉兰（Sangiran）遗址的头盖骨，就是其很好的代表。印度尼西亚直立人的另一个例子，是同样发现于爪哇岛的莫德约克托（Modjokerto）的儿童颅骨，其氩-氩测年为180万年。

1891年，荷兰医生尤金·杜波依斯（Eugene Dubois）在梭罗河畔的特里尼尔（Trinil），发现了第一批印度尼西亚直立人化石。他确信，这些化石是介于人类和猿类之间的生物的遗骸，即所谓的"缺失的环节"（missing link）。这一误导性的概念在达尔文的进化论发表后开始流行，并被媒体所传播。

事实上，杜波依斯将特立尼尔人族称为"直立的猿人"（ape-human that stands upright），也称为爪哇人。这一发现支持"亚洲可能是人类摇篮"的观点。但这个观点与达尔文20年前在《人类的后裔》（*The Descent of Man*）一书中提出的非洲起源的观点相矛盾。

20世纪30年代，在北京附近的周口店发现了其他直立人的遗骸。他们被认为是中国猿人北京种（Sinanthropus pekinensis），或北京人（Peking Man）。2009年，铍-10/铝-26埋藏测年法给出北京人存在的年代为78万～68万年前，比以前认为的要早20万年。在20世纪50年代，爪哇人和北京人都被归为直立人这个物种。

20世纪90年代，在格鲁吉亚的德马尼西（Dmanisi）发现了被认为是能人或匠人或类似直立人的人类遗迹，其也被称为格鲁吉亚人（H. georgicus）。它们的钾-氩测定值为180万年。到目前为止，格鲁吉亚人、亚洲直立人和非洲匠人之间的关系还没有被完全厘清。格鲁吉亚人族的一些遗骸可以与直立人或匠人的原始端联系起来，其中一个头骨的脑容量只有 600 cc。有人认为，格鲁吉亚人族的祖先是最早的非洲移民。

大约 100 万年前，古人类群体居住在从印度尼西亚的弗洛雷斯岛到伊比利亚半岛的广大地区。氩-氩测定法被应用于检测在弗洛雷斯岛中部发现的文物上的火山物质。检测结果显示，人类在该岛存在的时间是 100 万年前。在欧洲，先驱人（H. antecessor）是最古老的人类种群之一。用铍 -10/铝 -26 方法测定在西班牙象山洞穴（Sima del Elefante cave site）中发现的一个下颌骨，测得其存在的时间为 120 万～110 万年前，这证实了古地磁和生物地层测定的结果。

欧洲的中更新世保存了许多古人类世系的化石遗迹。它们被归属为各种不同的人属物种，如西布兰诺人（cepranensis）、海德堡人（heidelbergensis）、佩特拉洛纳人（petralonensis）和斯坦海姆人（steinheimensis）。当然，这些归属并没有得到大多数古人类学家的认可。此外，这些遗骸是在年代不确定的地点发现的。

对人类化石记录的解释是基于两种主要的进化模式。多区域模式表明，现代人是从不同的大陆上更古老的物种中独立进化而来的。种群之间的基因流动将独立的物种推向了同一进化路径。而根据相对的"走出非洲"模式，现代人都有一个最近的非洲血统。智人（H.sapiens）于大约 20 万年前在非洲进化，并迁移到其他大陆，取代了更古老

163

的人族，即早期移民的后代。

最近的多区域理论赞同同化机制。根据这种途径，中国古人类是从北京人进化而来，并同化了一些与非洲有关的移民，由此产生的蒙古人种后来散布到了新大陆。古代爪哇智人与非洲人交配，产生了澳洲人种（australoids），随后散布到了澳大利亚。非洲人与尼安德特人（Neanderthals）交配，产生了欧洲和西亚的高加索人种。对多区域主义者来说，中更新世的不同欧洲物种都是智人物种的变种；而对"走出非洲"模式的支持者来说，最初的欧洲种群代表了进化的死路。

2010年，随着尼安德特人基因组序列草案的公布，"走出非洲"模式的极端版本受到了打击。

许多古人类学家认为，尼安德特人也许早在40万年前就由海德堡人进化而来，海德堡人是非洲匠人的后裔，迁移到了欧洲。留在非洲的海德堡人种群（被称为罗德西亚人，H. rodhesiensis）则进化成了智人。

令人惊讶的是，最近有关尼安德特人的细胞核DNA分析显示（图24，图25），这些人族对非洲以外的现代人类的DNA贡献率高达4%。这些结果是基于对4.7万～4.3万年前的尼安德特人的骨骼进行的60%基因组的分析得出的。用于分析的尼安德特人是在克罗地亚凡迪亚（Vindija）洞穴中发现的。这些结果挑战了"走出非洲"模式的极端版本，即尼安德特人（H. neanderthalensis）和非洲智人移民之间不存在"基因流动"（gene flow）。

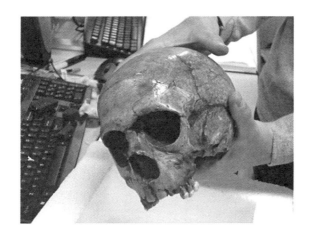

在贝驰德拉泽（Pech de l'Aze）遗址发现的化石是一个尼安德特人的孩子，他死时才两到三岁

图24　一个尼安德特人儿童的头骨

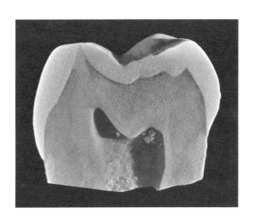

在意大利的里雅斯特同步加速器的托姆实验室（Sincrotrone Trieste Tomolab）进行的尼安德特人牙齿的X射线显微成像，虚拟部分显示了釉质、牙本质和牙髓室的详细结构

图25　牙齿的X射线显微成像

根据化石和群体遗传学，现代人类的起源可以追溯到大约20万年前。尽管人们对解剖学给出的现代人类起源有着广泛的共识，但"现代人的思想"是何时发展起来的，却有更大的争议。事实上，现代人何时从"解剖学"上的现代人变成"行为学"上的现代人，仍然令学者们困惑。

同样，放射性方法可以确定不同人类行为的有关事件的时间顺序。

直到最近，人们普遍认为，现代人的行为是在欧洲所谓的"旧石器时代晚期革命"出现的，即距今4万～3.5万年前。但在之前，由于在南非的布隆博斯（Blombos）洞穴中发现了带孔的贝壳和带有图形符号的赭石碎片，其表明人类文化的发展可能要早得多——至少在7万年前，所以这一设想是不确定的。

此外，在同一地区还发现了先进的石器——斯蒂尔湾珠子（Still Bay points），它呈现了过去没有的创新技术——斯蒂尔湾技术。第二个创新时期，是以另一种石器工业为代表，称为霍维森关隘（Howieson's Poort）。最近的光释光（OSL）测年显示，斯蒂尔湾技术只持续了约1000年，大约在7.1万年前；而霍维森关隘工业持续了近5000年，大约于6.5万年前开始。OSL测年是基于晶体，如沉积物中的硅和长石，在吸收铀、钍、钾发出的电离辐射和宇宙射线时积累的能量。储存的能量与晶体最后一次暴露在阳光下的时间成正比，阳光会抹去发光信号重新设置"计时器"。用光照射，储存的能量被释放导致发光，其发光强度是衡量年龄的一个标准。

南部非洲的考古研究和人口遗传学表明，技术革新的时期与人口的增长时期相对应。一些学者认为，可能正是在这些人口增长期间，现代智人带着他们创新的石器、复杂的语言和象征性思维的"行李"从非洲扩张出来。其他人种则发展出与人口瓶颈相关的不同模式。

大约7万年前，现代人类的数量已经减少到几千人，这很可能是托巴火山爆发造成环境灾难的结果。7.4万年前，苏门答腊岛的托巴火山爆发，这可能是过去200万年里最大的一次火山爆发。它将2700 km³的火山灰抛入大气层，造成全球气候变化。这场灾难可能使热带森林收缩为孤立的保留地，智人被迫探索海上旅行。

许多学者认为，在匠人和直立人首次从非洲大陆迁出170多万年后，智人从非洲迁出，导致了四个已知的当代人类种群的灭绝，这些种群可能存在的数量不多——亚洲的最后一个类似直立人的种群和弗洛勒斯人，欧亚大陆的尼安德特人和丹尼索瓦人。后者中的丹尼索瓦人是一种神秘的人类，其遗骸的第五个手指的远端指骨和一颗牙齿是在西伯利亚南部的丹尼索瓦（Denisova）洞穴中发现的。在对距今4.8万～3万年前的沉积层中发现的指骨的DNA分析表明，这个个体是一个女性，与尼安德特人和现代人都不同。基因组还显示，美拉尼西亚人至少从丹尼索瓦人那里继承了1/20的DNA。

对现今人类种群的DNA分析表明，现代人类大约在7万年前离开非洲，大约在5万年前到达澳大利亚，随着一代又一代的迁徙，在4万年前到达欧洲，1.3万年前到达美洲。

考古记录证实了这种情况。在氧同位素第三阶段（oxygen isotope stage 3，OIS3），复杂的社会行为和广泛使用象征性表达方式的迹象首先出现在非洲，然后是在澳大利亚、欧亚大陆和其他地方。澳大利亚4万年前火化蒙戈女人（Mungo Lady）和埋葬蒙戈男人（Mungo Man）的葬礼遗迹，以及欧洲3.5万年前的骨质乐器和岩画，都见证了这种古老文化的突出变化。

不过，要确认人类散布的细节还需要很多工作。使用精确的基于放射性方法的计时器，如我们上面讨论的那些，包括放射性碳、OSL、铀系测年和ESR测年，将在未来几年为我们不断提供有用的信息。

关于人类起源的研究，需要可靠的测年来回答有关现代智人在晚更新世扩散的棘手问题，包括他们对生态系统的影响。他们可能与澳大利亚和美洲巨型动物的灭绝有关，这一点尤其具有争议性，加剧了关于"过去的政治"（Politics of the past）的争论。

澳大利亚的几个团体正在重新评估考古遗址，以找出人类和巨型动物的重叠时期，区分人类和气候对大型动物灭绝的不同影响，诸如对类似袋熊的双门齿兽和巨型袋鼠之类的影响。目前的结果表明，在澳大利亚，人类和巨型动物的重叠期为几千年。在美洲，克洛维斯猎人和巨型动物（如剑齿虎）之间的重叠期也比较短。

正如我们所知，现代人类在全新世（目前的温暖时期，始于上个冰河时代结束之时）的影响至今仍未减少。最近的一项发现，为现代人的行为研究提供了一个独特的视角，时间处于这个时期的中间。

| 一个物种，多个个体

1991年9月19日，在奥地利和意大利边境的阿尔卑斯山的奥兹谷（Ötzaler）发现了一具被困在冰川中尸体。这具尸体保存完好，最初被认为是一名登山者的遗体，大约死于20～10年前。但对他的尸体、衣服和工具进行的放射性碳分析显示，这个不久后被称为冰人奥兹（Ötzi）的人死于5300年至5100年前。

为了确定奥兹的身世，并了解他生命中最后几天发生的事情，研究者们进行了大量的法医研究。X射线计算机断层扫描显示，奥兹的左肩上有一个看起来像箭头的东西，这意味着他可能参与了一场激烈的战斗，这也许是他死亡的原因。

他是新石器时代末期，居住在世界上的几百万现代人中的一员。在使农业和动物驯化得到发展的"新石器时代革命"发生之前，即大约1万年前，人类的数量不到100万。最近，对在德国发现的约7000年前的骨骼进行的DNA研究显示：在欧洲，使人口大量增加的农业革命，是在来自中东的新群体定居之后才发生的，而中东的人口激增正是出于同样的原因——农业带来的初期盈余。这些结果将第一批欧洲农民的血统与今天的伊拉克、叙利亚和附近国家的人种联系起来。

现在，没有其他人种能与现代人类竞争。现代人类认为自己处于所有其他生物的顶端，并且在数量和使用日益稀缺的资源方面不断见长。放射性的发现及其应用改善了我们的生存环境，并且也使我们有机会对我们物种的历史达到一个新的认识水平。从现在开始，新的挑战将是，如何从我们深刻的过去中学习到更多的东西，以更好地面对我们不确定的未来。